—幸孕妈妈幸运儿丛书—

儿科医生写给新手妈妈

健康·育儿

一定要知道的大小事

台北市立联合医院阳明院区小儿医疗团队　编著

U0340196

SPM
南方出版传媒
广东科技出版社
·广州·

图书在版编目（CIP）数据

儿科医生写给新手妈妈：健康育儿一定要知道的大小事 / 台北市立联合医院阳明院区小儿医疗团队编著. —广州：广东科技出版社，2015.1
（幸孕妈妈幸运儿丛书）
ISBN 978-7-5359-5988-1

Ⅰ．①儿…　Ⅱ．①台…　Ⅲ．①婴幼儿—哺育—基本知识
Ⅳ．①TS976.31

中国版本图书馆CIP数据核字（2014）第244789号

原著作名：小儿科医师写给准妈妈：健康育儿一定要知道的大小事
原出版社：台湾广厦有声图书有限公司
作　　者：台北市立联合医院阳明院区小儿医疗团队合编
　　中文简体字版ⓒ2014年，由广东科技出版社出版。本书经由厦门凌零图书策划有限公司代理，经台湾广厦有声图书有限公司正式授权，同意广东科技出版社出版中文简体字版本。非经书面同意，不得以任何形式，任意重制、转载。
广东省版权局著作权合同登记
图字：19-2014-078

儿科医生写给新手妈妈：健康育儿一定要知道的大小事
Erke Yisheng Xiegei Xinshou Mama:
Jiankang Yuer Yiding yao Zhidao de Daxiaoshi

责任编辑：黄　铸　杨柳青
封面设计：林少娟
责任校对：吴丽霞
责任印制：何小红
出版发行：广东科技出版社
　　　　　（广州市环市东路水荫路11号　邮政编码：510075）
http://www.gdstp.com.cn
E-mail：gdkjyxb@gdstp.com.cn（营销中心）
E-mail：gdkjzbb@gdstp.com.cn（总编办）
经　销：广东新华发行集团股份有限公司
排　版：广州市友间文化传播有限公司
印　刷：广州市至元印刷有限公司
　　　　（番禺区南村镇金科生态园4号楼2F　邮政编码：511422）
规　格：787mm×1 092mm　1/16　印张16.25　字数330千
版　次：2015年1月第1版
　　　　2015年1月第1次印刷
定　价：43.80元

如发现因印装质量问题影响阅读，请与承印厂联系调换。

李铭峻 医生

◎ 现任

台北市立联合医院阳明院区小儿科院聘主任

◎ 学经历

台北马偕医院小儿肠胃科研究员
台北市阳明大学医学系临床讲师

胡逸然 医生

◎ 现任

台北市立联合医院阳明院区小儿科主治医生
台大医院小儿科兼任主治医生

◎ 学经历

长庚大学医学院毕业
台大医院住院医生、住院总医生
台大医院新生儿科临床研究医生

陈铭华 医生

◎ 现任

台北市立联合医院阳明院区小
儿科主治医生

◎ 学经历

台北医科大学医学士
台大医院小儿肠胃科研究员
台北马偕医院小儿科总医生
台北市立阳明医院小儿科主任

杨文理 医生

◎ 现任

台北市立联合医院阳明院区医务长
台北市立联合医院阳明院区小儿科主任
台北市阳明大学医学系小儿科兼任临床教授
台大医院小儿科兼任主治医生

◎ 学经历

中国医药学院医学士
美国弗吉尼亚州立大学小儿肾病研究员
台北市阳明大学医管所硕士学分班
台北市立联合医院阳明院区小儿科主任

温港生 医生

◎ 现任

台北市立联合医院仁爱院区小儿科主治医生

台北市阳明大学医学院助理教授

◎ 学经历

高雄医学大学医学士

英国南安普敦大学医学博士

美国乔治城大学医院过敏免疫风湿研究员

台大小儿过敏免疫风湿研究员

杨宗蓉 营养师

◎ 现任

台北市立联合医院阳明院区营养

科院聘主任

◎ 学经历

台北医科大学保健营养研究所硕士

私立文化大学兼任讲师

静宜大学兼任讲师

萧美丽 护士长

◎ 现任

台北市立联合医院阳明院区护士长

◎ 学经历

台北护理学院医护管理系毕业

连江县卫生院护士

台北市立阳明医院护士

台北市立阳明医院护士长

阳明医院内科、外科、妇产科、产房、小儿科、门诊等护士长

这是一本贴近读者的实用好书

　　医生每天的生活大多相当忙碌，面对来来往往的患者和紧急情况，常常忙得连三餐饭都无法正常吃，尤其是周围常发生的生、老、病、死事，更令人体会到生活和人生充满了意外和无常。

　　不过我平时就一直鼓励我们医院的医生和护士们，除了要常常自我充实之外，也可以经常在期刊、院刊发表文章或是写书出版等，因为每个临床病患的症状可能都不一样，主治医生会碰到的问题也不同，通过文字可以互相交流经验，也可以借此分享给读者。现代人虽然教育程度普遍较高，但是对于医疗的常识却还是略显不足，对于急症或是突如其来的意外，往往不知道该如何紧急处理，而延误了急救的时间。

　　看到阳明院区的小儿科主治医生和营养主任、护士长等，能集合众人的临床经验和专业学识，出版这样一本关于健康育儿的图书，我感到相当开心，阅读内容之后，更觉得这本书不但内容丰富，加入了医生们的经验和学识，而且本书与学术论文不同的是，它用浅显易懂的方式来表达，让读者更容易理解，这一点相当重要，仿佛把读者当成朋友般的殷殷叮咛，更是相当体贴读者。

　　我个人感到相当荣幸，在此为医生们做推荐：希望这是一本所有父母可以一起快乐陪伴孩子诞生、成长的好书！

台北市立联合医院总院长　彭瑞鹏

体贴的心，才能感同身受

女性从结婚、怀孕、生产到坐月子、为人父母……一路走过相当辛苦的历程，没有人一生下来就懂得如何为人父母，需要一步一脚印地慢慢成长累积，而"育儿"及"教养"的确是一门高深的学问，尤其是对产后的新手父母来说，一下子要面对突如其来的种种问题，总会手忙脚乱、不知所措。

建议身边的新手父母在产前、产后，可以多花一些时间去请教有经验的亲友，或是多看一些育儿相关的书籍，从中学到适合的方法和技巧，绝对有助于孩子的成长。

对院内同仁总的期望是：秉持着仁慈和同情心的心态去对待患者，因为来就诊的患者都是身体不适的，用体贴的心才能体会到患者的感受，为患者解答疑虑。

而看了这一本由院内儿科医生和营养师、护士长共同合著的健康育儿图书以后，深觉这就是一本相当贴心读者的工具书，它把新手父母最需要注意的事项都详列上去了，如何时该打疫苗？宝宝生病了怎么办？该怎么帮宝宝选择食物和衣物等，对于一些易被忽略的问题，如误食异物催吐紧急处理法、宝宝猝死症等，也都用图文的方式详细讲解，是一本父母可以在家自己学习的书，我相信这本书可以成为每个父母的好帮手！在此衷心推荐给所有读者。

台北市立联合医院阳明院区院长 徐会棋

体贴辛劳父母的育儿笔记

　　行医27年，每当面对焦急的家长带着家中宝贝前来就医，总想给予完整而正确的专业育儿知识，尤其是父母都为上班族的家庭，不得不将家中幼儿于未满3岁就送进托儿所或幼儿园，而在集体生活中幼儿特别容易互相传染流行性疾病（如感冒、结膜炎、肠胃炎等），只要小儿有一点点不舒服，家长就会特别紧张担心，年轻父母对幼儿的发育与生长过程中发现的问题也十分关心。

　　面对小朋友和一般成人门诊不太一样，小孩子对医生总是有很多恐惧，害怕吃药、害怕打针，而且孩子的表达能力也没有成人那么完整，所以要从小朋友口中问出病症，需要无比的耐心，而大部分的家长都会问得很详细，医生们也相当尽力为家长们解答，消除他们的疑虑，可是门诊的患者实在太多了，总是无法从头到尾详细地解释细节，加上宝宝很多的小毛病其实只要自己在家细心护理就好，所以一直以来我们医院的医生和护士长等，都非常希望能有一本从实际的医疗角度来讨论育儿问题的书籍，方便家长在家查询、解惑，所以当宗蓉主任提出出版社有意愿为民众们出版这样的书籍时，我们当然相当乐于共襄善举。

　　本书主要介绍新生儿的喂奶、洗澡、换尿布和生病的护理、急症处理、辅食及营养补充等，针对家长比较容易碰到的问题加以解说，集结了我们台北市立联合医院阳明院区的小儿科医生、营养科及护士长在实际医院护理上的经验和研究，不管是对新手父母还是有任何疑虑的父母来说，都是相当实用的一本书。当然内容如有不足或不尽理想的地方，还请各位专家和读者不吝指教。

杨文理

Contents

目　录

Contents

Contents

第5章 宝宝成长的变化与教养问题 127

Contents

Contents

第1章

欢迎加入新手爸妈的行列

恭喜你啦！升格当妈妈喽！从宝宝诞生的第一天起，你就进入人生的另一个全新的阶段，准备好面对接踵而来的一堆问题了吗？不管是喂奶、洗澡还是包尿布，大事小事都得慢慢学习，开始准备上课，当一个称职的妈妈吧！

一、你已经准备好当妈妈了吗？

新手爸妈要如何照顾宝宝呢？

说实在的，不管是爸爸还是妈妈要适应父母这个角色，都是需要时间的，尤其是新手父母面对这样忽然的角色转变，通常会无所适从，所以新手爸妈要更有耐心，慢慢互相引导学习，妈妈真的忙不过来的时候，不要用命令式的口吻要求爸爸帮忙，可以试着撒娇说："亲爱的，我有点忙不过来耶，来帮我抱一下宝宝好吗？"，爸爸也要常常关心妈妈的工作和心理状态喔！彼此都不要忘了多用一点称赞和鼓励，取代互相埋怨和责备。

至于如何学习，一起翻开这本书吧！

想想看，怀胎10月而诞生出可爱又聪明的宝宝，是生命里多么奇妙的一件事！从此以后宝宝将会丰富你的生活，为你带来了许多乐趣，不过，在喜悦之余，生活中还有许多现实的问题需要面对，尤其如果这是你们的第一个宝宝，成串的问题会接踵而来，一点喘息的机会也不给你，从喂母乳还是配方乳，如何换尿布，哄宝宝睡觉、洗澡等，等宝宝大一点，还有令人头痛的教育问题，要学习的事情还有很多喔！

在医院里每天面对许多新手爸妈，妇产科的病房可以说是整个医院最充满欢欣的病房了，常可看到焦急的爸妈兴奋和困惑的表情，一天到晚拉着医生或护士详细地询问，被问得多了，也不免发现几个常见的问题。

面对家中的成员忽然从 2 个变成了 3 个甚至 4 个，原有的生活模式也可能就此被推翻，不只是你要调适，别忘了身边的另一半也正在学习。很多朋友第一次为人父母，自己的心态根本还没调整过来，面对婴儿半夜的啼哭，经常的需要更换尿布等，总是一阵手忙脚乱，全天下的爸妈都同样曾经感到困惑和慌张，但是这些都是转变成为一个母亲或父亲必经的过程，无法把事情处理得尽善尽美，这不只是妈妈一个人的问题和责任。

能够和心爱的另一半携手迎接新生命是一次充满惊奇与喜悦的旅程，辛苦怀胎之后，新生宝宝的来临是充满着无限欣喜的；然而，宝宝出生后，家中多了一位小成员，除了让这个家庭更完整以外，为了照顾宝宝，许多让人难以调适的全新生活习惯以及养育问题不免让每对新手爸妈感到焦虑，并且对于自己照顾宝宝的能力充满怀疑，家中的成员都会面临生活上的重新调整与适应。不要太过担心，只要耐心一点，慢慢去学习和熟练地掌握各种育儿技巧，就可以顺利地陪宝宝慢慢长大。

首先和爸妈说的第一件事，就是你要将新生儿视为一个独立、有思想、有感觉的生命，并且可以主动参与感情与认知能力发展的个体，认识到这一点，可以更好地激发新手爸妈与新生婴儿建立亲密的关系。

初为人父母的日子里，除了原本对宝宝无限的爱之外，还要多一分耐心，多多观察，认识、学习新的方法，此外，有经验的老人家和亲朋好友都是你的活字典，让你更容易掌握照顾宝宝的技巧。

二、如何和宝宝建立起亲密关系？

开始实际面临照顾婴儿的烦琐工作时，大多数的新手爸妈都会感到不知所措，明显感受到压力很大，不是担心自己做错了什么，就是烦恼自己有什么事还没有做到。同时内心又感到无比兴奋，因为宝宝为家里带来了愉悦和乐趣，亲子关系更是家庭里最亲密的情感纽带。

就成长的观点而言，作为爸妈必须学会行为上更加成熟、负责任，全力以赴才能扮演好教育下一代的角色。平常就要多充实自己，学习育婴的知识，增强新手爸妈的信心，才能胜任为人父母的角色。

在新生儿出生的初生期是建立亲子关系最重要的阶段，愈早接触宝宝愈有利于彼此亲密关系的建立，也能使家庭成员越快地认识宝宝，并学会照顾宝宝，多增加亲子的互动可以让宝宝和爸妈互相了解彼此的个性，然后协调出最好的生活方式，我们在医院就常常面对新手父母的疑惑，要如何增进和宝宝之间的亲密关系呢？其实是不难的，我们一起来看一看吧！

1. 和宝宝同眠、多多拥抱

要建立亲密关系的第一步可以通过与宝宝一起睡，或是多多同处一室来增加爸妈与宝宝间的互动，可以多观察宝宝的睡眠、饮食、排便等习惯。另外，常抱抱宝宝也可以让爸妈有机会认识自己的宝宝，和宝宝有亲密的接触感，是建立良好亲情的基础，新生儿身体是很柔软的，许多新手父母抱宝宝的时候都相当紧张，甚至有点畏惧抱起这脆弱的小生命，其实不要害怕，只要小心一点，如果不是夏天，帮宝宝在兔宝宝装外面加上包巾和比较厚的包被，除了保暖之外，也会让爸妈抱宝宝的时候有一些支撑的感觉。

2. 妈妈应该尽量给宝宝喂哺母乳

母亲给宝宝喂母乳可以直接满足婴儿对温饱、安全及爱抚的需求，让宝宝更有安全感，感到更温暖，妈妈也能体会到为人父母的乐趣，增加自己在生活上的调适能力，提升自信心和成就感。国外的研究发现，拥抱宝宝可以增强人体的免疫系统功能，降低血压和减缓心率，舒缓新生儿和妈妈的紧张情绪。

3. 陪宝宝一起童言童语

等宝宝稍微大一点的时候，你跟他的沟通就进入另一个阶段了。我们常会劝爸妈们多和宝宝聊天，这是引导他发展的第一步，懂得和宝宝聊天的父母，比较容易顺利地进入宝宝的世界，了解宝宝真正的需要和想法。

很多爸妈会说，讲那么多话宝宝又听不懂，其实宝宝听到的词汇愈多，他学习语言的速度也会愈快，而且宝宝会从大人的说话语气和表情中渐渐了解你的意思，多陪他说话聊天，就会让他的语言世界更多姿多彩！

为人父母是人生中的大事，不过，你必须从这样的喜悦中回到现实中来，你和先生的甜蜜两人世界，突然被手忙脚乱的育儿工作打乱了，尤其是宝宝刚出生的几个月，非常累人，与另一半的相处也开始会有许多摩擦，处在这样的过渡期，爸妈们要以平常心面对，多一点沟通和耐性才是最好的方式。

4. 引导丈夫帮忙照顾宝宝

妈妈因为怀胎 10 月和哺喂母乳的关系，与宝宝的感情和联系都比较密切，但是要如何引导丈夫进入"爸爸"这个新角色，很多爸爸常常会觉得自己与孩子之间有疏离感，甚至因为妻子注意力的转移而有失落感。所以通常建议从孩子刚出生的时候开始，就要让爸爸养成习惯，分配参与照顾宝宝的工作，尤其是在你最需要休养的坐月子期间，爸爸必须付出更多的时间和精力努力扛起照顾宝宝的责任，增强父亲的责任感。

尤其是传统观念下，不少人认为养育孩子母亲的责任，导致父亲失去对宝宝的责任感和参与感，幸好时代转变了，爸爸也开始帮助妈妈喂奶、换尿布、洗澡等，尤其是帮宝宝洗澡，现在都是小家庭的情况下，家里如果没有长辈帮忙，帮宝宝洗澡对坐月子的新手妈妈来说，是一个很累的事，如果爸爸也能帮帮忙，那就再好不过了。

家里突然多了一个人，每个家庭成员都需要面对新角色的适应问题。有的爸爸会适应得比较快，有的则会慢一些，如果另一半表现不太令人满意，你可以跟他好好谈谈，给他一点时间，或是一点提示、赞美，让他觉得他是个成功的爸爸，从照顾宝宝中享受当爸爸的成就感和乐趣，他自然而然就会把照顾宝宝当成他的分内事。

至于父母的工作该怎么分配，这是没有固定标准的，因为每个家庭状况不同，分配方式自然也不尽相同，一般而言，产妇在坐月子的期间必须多休息，最好是产妇负责宝宝的饮食，但是其他工作就尽量由其他家人代劳，这样在宝宝不喝奶的时段，产妇就可以多多休息了，现在很多坐月子中心也会提供这样的服务。

等宝宝长大一点，可能很多妈妈要回工作岗位了，可以先在工作前1~2 周让宝宝适应保姆，以免到时候不适应，晚上自己带的爸妈可以轮流起来照护，隔一天则换另一个人休息。

5. 重视和关心另一半的感受

还有，妈妈也不要忽略了夫妻之间的感情交流，要和以前一样关心另一半

的感受。有些妈妈可能因为太沉浸在拥有宝宝的喜悦中，时间全都给了宝宝而忽视了另一半，这会让另一半心里不平衡，进而潜意识对宝宝有所排斥，更不会主动愿意照顾宝宝了。你不妨常常抱着宝宝在丈夫的怀里躺一躺、撒撒娇，这样的动作不但会让他感到满足，还会激发他的责任感。无论如何，要建立紧密的亲子关系，爸爸的支持是少不了的。

不管你是不是初次为人父母，都不要过于紧张，从下面的章节开始我们会慢慢地教大家如何照顾、了解新生儿，只要有耐心地慢慢学习，你们一定可以成为很棒的爸妈。

三、宝宝为何总在夜晚啼哭？

相信很多妈妈在带宝宝时都有一个共同的困扰，宝宝很容易半夜啼哭、不肯睡觉，可是却不知道为什么？基本上大部分都是宝宝的肚子饿了或是尿布湿了，爸爸妈妈们可要辛苦一点，起来喂奶或是帮他换上新尿布。可是常常有些苦恼的妈妈会问，有时候宝宝不肯喝奶、尿布也没有湿，或者抱起宝宝，他还是一个劲地哭个不停，甚至有些宝宝到了1岁多都还有这样的问题，到底是哪里出了错呢？

1. 宝宝作息"日夜颠倒"的原因

"日夜颠倒"的情形在出生1个月以内的新生儿最常见。因为新生儿在出生以前，在母亲的肚子里面并没有白天、夜晚的区别，所以出生后他还是保持胎儿时期的习惯，不容易适应大人们"白天活动，晚上睡觉"的生活作息。所以这是一个过渡时期，大部分的宝宝都是白天睡得比较多，从大人的习惯看起来，宝宝夜晚醒来的时间当然就很多。这样的"日夜颠倒"会带给大人们失眠的苦恼。

宝宝在白天睡得过多往往是"日夜颠倒"的主因。可是难道不让他睡吗？新生儿一天中大约有20个小时在睡觉，睡眠的时间是很长的，如果是大一点的宝宝，就要慢慢矫正他被扰乱了的"生理时钟"，尽量避免让孩子在白天"过度"睡眠。所以适度的运动是必要的，妈妈或是保姆在白天应该要常常逗孩子玩耍，让他们在游戏中有适度的运动，夜晚才能沉沉入睡。

有时孩子半夜醒来，没有任何需求，就是无缘无故的醒来，可能的原因有很多，其一可能是白天玩得太亢奋，或是睡前游戏让他的精神过于高亢，听过于兴奋的音乐，看电视等，都可能让他半夜醒来，尽量不要在房里摆放电视、音响等，也避免让宝宝睡前玩得太激动，都是减少他半夜醒来次数的方法，当他醒来时在他耳边轻轻说话或是唱歌给他听，也可以轻柔地拍拍他的背部，都有助于安抚他，让他进入梦乡。让宝宝睡更好的方法，我们在第3章也会陆续提到，新手父母们可以参考。

建议宝宝的睡眠时间

年龄	平均睡眠时间	夜间	日间
2个月以下	14~20小时	9~10小时	5~10小时
2~6个月	14~16小时	10~12小时	3~4小时
7~12个月	14~15小时	10~12小时	2~3小时

2. 特别注意宝宝不正常的哭闹

如果宝宝本来晚上都睡得很正常，可是却忽然老是在夜里啼哭，而且哭得相当厉害，不但连脸都涨红了，还嘴唇发白、冒冷汗、四肢冰冷、拳头紧握等，你要先注意宝宝的肚子摸起来是不是胀胀的，是否总是哭到筋疲力尽才入睡，这就很可能是"婴儿腹绞痛"的现象。常见于2~3个月大的婴儿身上，要快点请小儿科医生治疗，在孩子腹部加以热敷，也可以促进肠子排气、减轻宝宝的痛苦。

其他疾病还有肠阻塞、疝气，或是腹内感染等。这些小儿疾病我们在第6章也会提到相关症状和护理，不过还是要提醒大家，这些急症都需要经过小儿科医生的诊断，才能给予适当的处理。如果婴儿没有任何病状，只是适应上的问题，那么过一段时间这种"日夜颠倒"的情形就会消失。

帮助宝宝睡好觉的方法

序号	方 法
（1）	新生儿可以用小被单把四肢包起来，让宝宝比较有安全感，也能减少宝宝四肢乱动
（2）	养成宝宝有规律的活动。例如宝宝6周以后，可以开始在睡前让他听些轻柔的催眠曲，或是讲故事给宝宝听，白天让宝宝多玩一会儿等，养成固定的习惯，让宝宝习惯接收到"该睡觉了"的信息

续表

序号	方 法
（3）	在睡前舒缓宝宝的心情，像如使用含安眠配方的沐浴乳帮宝宝洗个舒服的温水澡，或是帮宝宝作按摩等，都是能够帮助宝宝放松下来的方法
（4）	观察宝宝疲累想睡的反应，通常会哭闹不安，或是揉眼睛、拉耳朵、发呆等。当宝宝一出现这些信息，就立刻让宝宝就寝或是小睡
（5）	布置舒缓放松的环境，让婴儿房保持昏暗、凉爽、安静等。还要避免会干扰宝宝睡眠的声音，如电视、收音机等
（6）	不要养成睡前喂奶的习惯，很多人都会在睡前多喂一些奶，但是睡前喂奶对宝宝的睡眠时间或是睡眠质量方面并没有帮助，喝过多反而会造成溢奶等，所以在宝宝6个月大以后，尽量把夜间的喂奶或哺奶的时间提前，避免宝宝把进食和睡眠联想在一起
（7）	夏天天气炎热，可以帮宝宝擦上温和的爽身粉，帮助宝宝隔绝湿气，不会因为过热流汗不舒服而忽睡忽醒

第2章

婴幼儿哺乳的技巧

宝宝出生后到底喂母乳好还是配方乳好呢？这个问题相信大家都已经在许多渠道获得解答了吧！如果母亲的状况允许，当然鼓励所有母亲喂哺母乳，这可以让宝宝更健康，也可以让母亲和宝宝关系更亲密，还可以让母亲达到瘦身的目的，一举多得，何乐而不为呢？

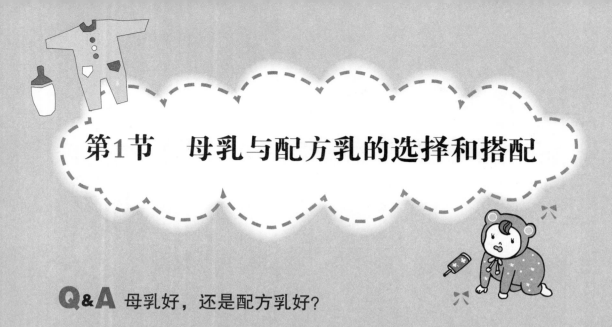

第1节　母乳与配方乳的选择和搭配

Q&A 母乳好，还是配方乳好？

根据医学研究显示，母乳和配方乳（奶粉）相比，母乳的营养成分是最适合婴儿的，不容易引起过敏，也比较好消化吸收，除了吃全素的妈妈要多注意维生素B_{12}的摄取外，大部分的妈妈选择哺喂母乳，不仅对宝宝健康有益，对妈妈也好处多多！尤其是产后1周左右的"初乳"（略带黏稠、淡黄色母乳），里面含有预防多种疾病的抗体，所以，即使决定之后要让宝宝喝配方乳，初乳也务必要让宝宝吸吮喔！

中国有句俗话说："民以食为天。"中国人对"吃"可以说相当重视，相信许多准妈妈在生产前就开始烦恼，将来该给宝宝喝母乳还是配方乳呢？老是担心宝宝吃不饱、营养不够。就算是想要喂母乳，可到底该喂多久？胀奶的时候怎么办？这一连串的问号，常常搞得新手妈妈头大，虽然从婆婆妈妈那儿拼凑得来许多经验，但还是让人不放心。

一、母乳真是唯一的选择吗？

这几年各地都宣传母乳的健康和优点，许多爸妈也开始接受这个观念了，但是还是有很多产妇到医院来做产检的时候，会问一些很有趣的问题："医生，我的胸部很小，孩子生下来后会不会没有奶喝？那我是不是选择喂奶粉比较好呢？"听到这些问题会感到又好气又好笑，不知道这些观念到底是从哪里听来的，不过，我们小时候经济相当落后，你听过哪个妈妈因为奶水不足而担心喂不饱宝宝的吗？我们也是这样喝着母亲的母乳慢慢长大的。

奶水的分泌是一种身体自然的生理反应，当产妇生产过后，宝宝吸吮妈妈的乳房时，自然会传递一种信息到大脑里，这个时候母体的激素就会产生变化，乳房就会充满宝宝需要的奶水，跟胸部大小一点关系也没有。

如果想要妈妈奶水分泌充足，就要让宝宝持续而稳定的吸吮喔！千万不要以为母乳像水龙头一样，打开就会有，所以想等坐完月子再开始喂是不现实的：如果你持续一段时间不喂哺母乳，奶水自然就会停止分泌，如果宝宝的吸吮变少了，奶水也就会慢慢地减少。相对来说，会随着宝宝吸吮的量而有所变化，当宝宝吸吮的次数和奶水量越来越多时，你就会分泌更多的奶水。

但是还是有很多新手妈妈的母乳分泌是不够的，尤其是一次产下双胞胎宝宝的妈妈们，要一次喂2个宝宝确实有点困难，如果奶水不够，可以加一点配方乳为宝宝补充营养。

有一些上班族妈妈坐完月子后回到工作岗位，不能长时间伴在宝宝身边，记得要2~3个小时就把奶水挤出来一次，不断地刺激乳房才能让乳房持续地分泌乳汁，其实妈妈们一边上班一边要挤母乳确实比较辛苦，很多人因为怕麻烦，到最后就放弃喂母乳了，但是身边许多营养师或是护士、医生等，都宁愿辛苦一点，也希望能让宝宝喝更多的母乳，还有人喂到宝宝快2岁才停止呢，现在有些企业还设有母亲挤乳室，方便妈妈们在里面挤母乳及保存，相当贴心又方便。

二、优质的奶粉可以取代母乳吗？

很多人都会说："奶粉广告里不是一天到晚强调添加了许多的营养素吗？看起来都比母乳更有营养，不是吗？"，还有些产妇因为身体的原因无法喂母乳，或是母乳真的分泌不足，还是要依靠配方乳补充营养。

确实，现在大部分在售的配方乳都可以达到基本的营养要求了，但是在临

床的研究上，证实母乳中含有配方乳无法制造的抗体、生长因子及激素等，这些都是无法在配方乳中调配出一模一样的，所以建议妈妈们可以的话，还是尽量喂孩子喝母乳。

到底喂母乳有什么实质上的好处呢？我们一起来看一看吧！

1. 增强宝宝智力和抵抗力

母乳对宝宝来说，是比较容易消化的，而且根据研究调查显示，喝母乳的宝宝智力发育会比较好，也就是大家说的，宝宝会比较聪明，每个父母都希望自己的孩子是最聪明的，根据很多报告显示，喝母乳的宝宝在语言、动作学习上确实进步都比较快速。

此外，喝母乳的宝宝确实比较不容易生病，抵抗力较强，可以大幅降低发生呼吸道感染、中耳炎或是腹泻、脑膜炎等疾病的机会。

2. 减少过敏性体质的出现机会

现代爸妈还要面对一个问题，各种污染那么严重，一出门就要面对空气污染、食物污染、水源污染等，宝宝比较容易会有过敏体质，现代的小朋友或多或少都带一点过敏体质，就算小时候没有，长大后也不一定就不会有喔。但是根据调查，喝母乳的小朋友长大后相对不易发生湿疹、哮喘、过敏性鼻炎等过敏的问题。

所以如果没有特殊原因，最好可以在出生后马上开始完全哺育母乳至少6个月，并且在添加辅食之后，持续哺乳到2岁以上，这样对宝宝的健康成长才是最好的。

3. 让宝宝学会辨别饱足

现代人营养充足，孩子又生得少，加上饮食的过度精致化，小胖子的问题越来越严重，有很多父母都为此伤透脑筋，虽然大家从网络或是电视上都知道饮食要尽量清淡，减少外出吃饭的机会，但是最让双薪家庭伤脑筋的是因为爸妈工作都相当忙碌，根本没时间每天为孩子做饭，甚至连早餐、晚餐都常常拿钱要孩子自己出去吃。

不过，有一个信息大家都不知道，"预防肥胖"可以从婴儿期就开始训练喔！为什么这么说呢？因为宝宝吸母乳属于主动进食，由宝宝自己决定何时吃饱，相对于被喂配方乳的宝宝，妈妈常常会为了怕浪费食物而诱导宝宝把奶瓶中的奶全部喝光，这样一来，除了会增加宝宝肥胖的概率外，也会干扰宝宝自己辨认饥饿和饱足的感觉，长期处在这种过度进食的状态下，自然容易变成小胖弟、小胖妹，所以从婴儿时期就养成宝宝辨别饱足感的能力，他就比较不会进食过量。

4. 喂母乳让妈妈更健康

当宝宝吸吮妈妈的乳头时，会刺激妈妈大脑分泌催产素，促进产后子宫的收缩，减少出血的状况，而且喂母乳会让妈妈放松心情，不但会降低血压，还容易引起身体中一连串的激素分泌，具有抗焦虑、减压的效果。此外，根据英国的研究指出，喂母乳可以为妈妈预防乳癌、卵巢癌等，如果平均每个妈妈生育2~3胎，并且亲自喂母乳超过6个月，至少可以使罹患乳癌的人数降低5%。

还有，喂母乳也是一种自然避孕法，喂母乳时因为激素的变化，会抑制卵巢排卵，延长产后月经来潮，达到自然避孕。

很多妈妈因为担心喂母乳令乳房下垂，让身材变形，其实你不知道的是，哺乳时每天可以消耗500~1000卡（1卡=4.18焦耳），所以喂母乳的妈妈产后如果持续哺乳，自然而然就会瘦下来，让你的身材更好。

5. 方便又经济、实惠

在什么都涨价的今天，奶粉的价格更是高涨，喂母乳不但可以省下一大笔开销，而且又方便，带宝宝出门时不用带瓶瓶罐罐，只要一件披风，就可以随时喂哺喽！

哺乳前，你该准备什么

项目	说明	备注
哺乳胸罩	专为哺乳设计的胸罩，方便妈妈单手解开扣子	必备
防溢乳垫	产后使用于胸罩内，防止母乳滴出弄湿外衣，可依个人考量选择抛弃式或可洗式	初期必备
哺乳衣	衣服有隐藏开口设计，方便哺喂母乳，不担心走光	依个人需求
婴儿背巾	婴儿可躺可背，增进亲子之间的亲密感，喂母乳时更隐秘	依个人需求

续表

项目	说　明	备注
吸乳器	方便上班妈妈挤奶，但相同的吸乳器不一定适用于每个人，建议每个妈妈还是要学会以手挤奶。	依个人需求
母乳冷冻袋或奶瓶或集乳杯	可收集并储存母乳	依个人需求
多功能枕垫	方便支撑宝宝，哺喂母乳时可减轻妈妈的酸痛或劳累，也可以用枕头代替	依个人需求
纯羊脂乳液或乳头修护膏	可舒缓及治疗乳头受伤之疼痛，大部分乳头受伤的处理可在伤处涂上乳汁	依个人需求

三、哺乳准备工作步骤

　　喂母乳虽然没有想象中那么难，但也不是把宝宝塞在胸前就好。要提醒你的是，在准备开始哺乳前，一定要有坚定的信念，并与家人充分沟通，这样才能顺利进行接下来的哺乳计划喔！只要你跟着下面五大步骤，哺乳工作一定可以进行得很顺利。

Step1.产前准备

　　有人说，母乳是精神产物，需要花时间酝酿。所以，你在产前就要做好准备，产检时除了向医护人员学习和咨询有关哺乳的知识外，还要先检查乳头结构、形状，必要时接受矫正，这样才可以让乳头更立体、更适合哺乳；假日时，带着全家人，包括准爸爸、准外婆和准奶奶等，一起参加哺喂母乳课程，通过医护人员讲解，达成共识，这些对日后哺乳都会有很大的帮助。

Step2.表明立场

　　为了避免宝宝不吸妈妈的乳头，在进医院待产时，一定要先向院方表明你要喂母乳，要求医院不要给宝宝用塑料奶嘴，或使用杯子、汤匙或其他容器喂食。因为对宝宝来说，吸吮乳房比吸奶瓶费力很多，所以一旦宝宝吸惯了奶瓶、奶嘴，就不会想吸母乳了。

Step3.即刻接触

　　当宝宝呱呱坠地时，最好可以抱着宝宝至少20~30分钟，这样一来，宝宝会本能地寻找你的乳房，自己含住并开始吸吮。研究指出，婴儿在出生后第一个小时最清醒，有助宝宝学习吸吮乳房。而且，妈妈和宝宝的肌肤接触有保温的效果，还可以促进胎盘及早排出，并刺激奶水提早到来。

Step4.母婴同室

和宝宝24小时相处，是确保成功哺乳的关键。婴儿室并不是无菌的地方，况且生产不是病，健康的宝宝和母亲住在一起并不会增加感染的机会。母婴同室可以让你学会正确、舒适的喂奶姿势外，更可以按婴儿需求，不限次数地哺乳，这样有助于之后的奶水分泌。

Step5.补充营养

出院后就要正式执行哺喂母乳的计划了，此时，最重要的就是要分泌足够的奶水让宝宝吃饱。要有丰沛的奶水，营养是最重要的，这时你是一人吃两人补，千万不要节食减重喔！除了五大类均衡饮食外，还应该增加蛋白质食物的摄取。另外，哺乳期很容易口渴，最好可以每天额外补充2000~3000mL的水分，以高蛋白、高胶质的热汤为主，像鸡汤、鲈鱼汤、猪腰汤等都是很好的选择。

第2节 喂哺母乳的方法和要点

Q&A 哺乳时，要怎样抱宝宝呢？

很多妈妈哺喂母乳时宝宝不积极吸食，以为是宝宝不喜欢喝母乳，其实是妈妈的抱法是影响宝宝能否顺利进食的关键喔！一般来说，抱宝宝的基本要求就是要让宝宝尽量靠近你，必要的时候可以利用小垫子或是枕头调整手臂的高度。喂奶的时候，宝宝的脸、胸及腹部成一直线，鼻子及上唇正对着乳头，这时妈妈需要用一手轻轻托着宝宝的头和肩膀，一手帮助宝宝调整含奶的姿势；如果是未满月的宝宝，最好还要托着臀部，这样可以更稳定。

有些妈妈哺乳时乳头会因为破损而感到疼痛，这比例还是很高的，几乎5个妈妈里面就会有3个碰到乳头破损疼痛的问题，不要过度紧张，擦一点乳液或凡士林滋润，加上毛巾热敷，就可以改善破损的问题，还有破损时要特别注意伤口是否发炎了，真的不行就要到医院寻求医生帮助！

一、乳房疼痛时可以擦药吗?

门诊中常常碰到一些妈妈在哺乳时乳房会感到疼痛,这可能是因为宝宝吸吮的方式不好而造成的,只要在宝宝吸吮的时候用手指轻轻按压宝宝嘴角,让他停止吸吮,然后再慢慢将乳房移出,重新让宝宝吸吮一次,通常就可以改善,如果你还是找不到方法,最好请求医护人员帮忙,找到最正确的方法,这样才能确保宝宝正确的含住乳房,并从妈妈的乳房获得乳汁。

如果是乳腺阻塞而泌乳困难,可以用一只手由下往上托住乳房,另一只手的拇指和食指的指尖捏住乳头往外反复拉出,等乳头稍软后就可以稍微搓揉乳头,畅通乳腺。

最好不要涂上药物,以免不小心让宝宝吸吮到,或是透过皮肤渗透到母乳中,尤其是皮肤药大多含有类固醇,能不使用就尽量不要使用,用凡士林或者乳液滋润后再加以热敷,或者先换另一边乳房给宝宝吸吮,如果只是一点点破皮,让宝宝吸食并不会影响健康,如果真的破皮很严重再找医生帮忙,找出适合涂抹的药物。

二、喂母乳有标准抱姿吗?

在这里要提醒各位新手妈妈,除了抱宝宝的方法外,在哺乳时,还要特别注意宝宝的含奶姿势。正确的含奶姿势是成功哺乳的关键!当宝宝的鼻子或上唇正对着你的乳头,等他嘴巴张得像打哈欠般那么大(你可以乳头轻轻碰宝宝的嘴唇来鼓励他),很快地将他抱近乳房,让他的下唇尽可能远离乳头含住乳房,下面简单讲解一下喂奶的步骤和基本抱姿,新手妈妈们,注意选择一下吧!

1. 侧躺式

侧躺式是对妈妈来说最轻松的抱法,尤其是新手妈妈通常还没习惯宝宝的体重,采用这个姿势不容易累,手也不容易酸,先找一个最舒适的姿势侧躺,背后可以垫上一个枕头,让宝宝也躺在床上,背后可以放上枕头支撑宝宝。

2. 摇篮式

　　妈妈坐着，背后一样可以加上枕头或是靠垫，一手从宝宝背后抱住，另一手经腋下托住宝宝大腿，让宝宝靠近乳房吸吮。

3. 橄榄球式

　　最适合剖宫产的产妇，因为这个姿势不会碰触到开刀的伤口，一样采用坐姿，不同的是把宝宝的脚夹在腋下，用一只手掌托住宝宝的头、颈部，另一只手的手臂支撑宝宝身体，如果宝宝太小，身体太软，可以下面垫一个小枕头，让宝宝头部更靠近乳房。

贴心小叮咛

　　提醒妈妈们，在医院时就要开始学会如何躺着喂奶。如果每次喂奶都要妈妈坐着抱宝宝，就好像手上抱了3~4kg的重物一样，宝宝出生第一个月，一天至少要喂上8~12次，每次吃上半个小时，这样不累垮才怪！

三、喂母乳的步骤

Step1. 判断是否饿了

　　这是最重要的要点！一般来说宝宝饿了就会啼哭，但是不建议等到宝宝啼哭再喂食，那时候宝宝太饿了，很容易吸吮过快而呛奶，刚出生的宝宝每3～4小时就要喂一次，可以试着把手指头放在宝宝嘴边，如果宝宝想要吸吮，就代表他饿了。

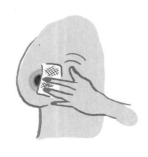

Step2. 先把手和乳头清洁干净

　　妈妈们产后都会有恶露，手记得要洗干净喔！最好是连乳头也要用纱布或是棉布沾温水擦拭干净，这样比较卫生而且健康。

Step3. 让宝宝开始吸吮

　　抱宝宝的基本要求就是要让宝宝尽量靠近你，必要的时候可以利用小垫子或是枕头调整手臂高度，喂奶的时候，宝宝的脸、胸及腹部成一直线，鼻子及上唇正对着乳头，这时妈妈需要用一手轻轻托着宝宝的头和肩膀，一手帮助宝宝调整含奶的姿势，让宝宝下巴贴着乳房，宝宝嘴巴以上下唇外翻，含住乳头至看不见乳晕为最佳状态。

Step4. 轻拍背部让宝宝打嗝

　　宝宝喝饱后如果直接让他躺着，容易因为喝奶时吸入太多空气而吐奶，要把宝宝抱直，轻拍他的背部，让他排出空气。

四、双胞胎宝宝需要同时喂奶吗？

　　先恭喜你双喜临门，一次得到两个宝宝喔！不过同时照顾双胞胎或是多胞胎，妈妈可要辛苦许多，常常会手忙脚乱，总是不断地在轮流喂奶和换尿布，往往老大哭完就到老二哭，有时候还2个同时哭呢，坐月子中的妈妈一定是忙不过来的，记得要提醒另一半多帮忙，或是寻求家中的长辈帮忙，喂奶时，也一定要选更舒服的姿势，可以用侧躺的姿势，再垫一个枕头在宝宝的身体下面，让他更靠近你，方便他吸奶。

　　至于要不要同时喂奶就见仁见智，虽然同时喂奶可以节省你的时间，但是问题是大部分的双胞胎宝宝不一定会同一时间想要喝奶，所以大部分都是个别喂奶的，个别喂奶也可以让双胞胎宝宝个别跟妈妈培养亲子感情，但要花2倍的时间在喂奶上，可能就没有时间做其他事情了，记得要记录喂奶时间，不然很容易搞混或是重复喂同一个宝宝喔！

五、双胞胎要怎么照顾呢？

　　其实双胞胎的哺乳与一般的哺乳并无不同，只有一点要特别注意，如果在泌乳初期母婴分开，没办法亲自哺乳的话，你至少要学会挤奶，以维持泌乳。一般来说，自然喂奶比较难控制该喂多少奶水的量，所以很多妈妈也会先把奶

水挤出后再喂，一天至少挤8~10次，也就是至少2~3小时要挤1次，每次挤奶10~20分钟。还有，多胞胎妈妈的早期泌乳相当重要，因为即使只有少量初乳，对低体重的多胞胎都是很珍贵的。

六、双胞胎宝宝会不会喂不饱？

奶水的量通常是依据需求量而生成，所以不管是双胞胎，还是多胞胎，你一定会有足够的奶水喂宝宝的，只是刚开始喂奶的几天，宝宝可能会含不住奶头，所以最好有人在旁边帮你。还要注意一点，如果宝宝一个吸奶力气大，一个吸奶力气小，你又习惯让每个宝宝都固定吸同一边的奶，长久下来可能会影响你乳房的外观，所以建议你每次让宝宝换边吸奶。

1. 寻求足够的帮助

据统计，有四成左右的双胞胎和近九成的多胞胎为早产的或体重较轻的，且大多为剖宫产，宝宝先天的条件较差，加上同时要照顾多个宝宝，妈妈们在忙不过来的情况下，很容易对哺乳的计划失去信心，失去坚持的勇气。其实，只要有足够的协助，宝宝可以正确含乳，你一定可以制造足够的奶水满足双胞胎，甚至是多胞胎宝宝的需要，千万不要太过担忧。

建议拥有双胞胎或多胞胎的妈妈，尽量增加与宝宝接触的机会，因为肌肤的接触有助于泌乳，试着做做袋鼠式护理❶，或和宝宝一起睡，这样更有助生理及心理的稳定，减缓情绪压力，并增加哺乳成功的机会。

2. 做好完整的记录

如果你分泌的奶水因为一次无法同时满足喂2个宝宝而感到挫折，建议你可以轮流喂母乳，或是挤出母乳再搭配配方乳，下一回喂奶时再交换，这样比较有弹性，也可以依照你和宝宝的需求及喜好而调整，但是要记录好喔，可以参考下表来制作宝宝的喂奶记录，一个宝宝用一张表，一目了然，就不怕搞错了！

---

❶ 袋鼠式护理是指提供早产儿类似子宫的环境，由早产儿的母亲或是父亲把宝宝穿戴在胸前，让早产儿趴在胸前，皮肤与父母亲有更多的接触，也增加拥抱，增强亲子关系。可以稳定早产儿的心跳速率、呼吸与增进血氧饱和度，减少宝宝哭闹，帮助睡眠，一般来说可以帮助早产儿体重增加，也可以提高母乳哺喂机会，减轻父母焦虑，促进亲子关系更亲密等。

双胞胎或多胞胎宝宝的喂奶记录表

宝宝名字：					
日期					
喂食时间					
喂食量					
喂食母乳（mL）					
配方乳（mL）					
喂食质量(有活力、溢乳或嗜睡)					
药物、母乳加强物					
大小便颜色					

备注：婴儿行为、袋鼠式护理、是否有红疹……

七、以手挤母乳最好吗？

挤奶的方式可以用手挤奶或是使用手动或是自动挤奶器等，不管产妇习惯用哪种方式挤奶，还是建议准妈妈们要学用以手挤奶的方法，如果外出或是忘记携带挤乳器时，还可以随时解决胀奶的问题，胀奶可是很不舒服的喔！

Step1. 洗手

先彻底洗手，以免乳房感染。

Step2. 准备容器

采用舒适的姿势站着或坐着，将要装盛的容器靠近乳房。

Step3. 扶住乳房

　　用大拇指和食指分别放在乳头及乳晕上、下方轻轻捏住乳房，并用其他的手指托住乳房，手指轻轻地往胸壁内压，但要避免压得太深，阻塞输乳管。

Step4. 反复挤压

　　以拇指与食指轻压乳头、乳晕，要确定挤压到乳晕下的输乳管，然后反复挤压、放松（如果你的乳房感觉疼痛就代表技巧不对，要慢慢调整位置）。

Step5. 挤压乳晕

　　从乳晕的不同位置轻轻挤压，让乳汁全部流出；若只挤压乳头，并不会让奶水流出。

八、使用手动挤乳器的技巧

Step1. 包覆整个乳晕

　　用漏斗盖住乳头及乳晕周围，确认整个乳晕都贴住漏斗，这样才能产生"真空"状态。

Step2. 针筒活塞往后拉

把针筒活塞慢慢向后拉，让乳头及乳晕更包入漏斗内，再将针筒活塞放松，向下压一点点，乳汁会在1～2分钟后开始流出，重复此动作。

贴心小叮咛

如果要使用挤奶器挤奶，第一次使用时吸奶罩杯必须分解后放入沸水煮10分钟消毒。一般也是采用两侧乳房交替抽吸的方式挤奶，但如果乳汁没办法顺利流出的话，建议你可以先热敷按摩之后再开始挤乳。

Step3. 倒出乳汁

当乳汁停止流出时，要小心不要破坏漏斗与乳房形成的真空状态，最好是先把乳汁倒出来，再重复上述动作。

Step4. 停止挤乳

等到乳汁全部停止流出后，即可以停止挤乳了。

九、使用电动挤乳器的技巧

Step1. 完全罩住乳晕

吸乳罩杯的角度要能与乳房密合，先确定是否已经完全罩住。

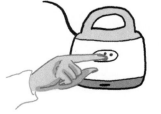

Step2. 按下开关

按压按钮吸乳汁，有一些挤乳器的调整钮可以调整吸力大小，先使用最小吸力的。

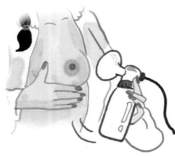

Step3. 适度泄压

吸取的过程中如果吸力过大可以先泄压，压放之间也具有按摩效果。

Step4. 倒出乳汁

倒出瓶中集存的乳汁至奶瓶或是保存袋即可。

挤乳器操作难易度比较

项目	手动挤乳器	小型电动挤乳器	大型电动挤乳器
使用方法	用手按压或用针筒抽取	按压自动吸乳	按压自动吸乳
重量	轻	中等	重
声音	几乎无声	声音较大	声音比小型挤乳器更大
便利性	最方便，但因手动所以较费力	需插电者较不方便；但不需插电者，则和手动一样方便	必须固定地点，便利性较差
价格	价格50~100元，最便宜	市价约250元，价格不便宜	价格更贵

十、上班族妈妈如何继续喂母乳？

职业妇女在回到工作岗位后，很多人就此停止喂母乳了，这样很可惜，其实还是可以继续喂母乳的，只要事先把母乳挤出来冷藏或冷冻，交给保姆或是照护的家人，每一餐适量取出，回温后喂宝宝，等到下班后再亲自哺喂母乳就可以了。你如果因为外出无法哺乳，或是有乳头或乳房发生病变等情况时，可以事先挤好母乳再冷冻或冷藏保存，其他人就可以代替你喂奶。或是将挤出的乳汁直接放入有盖的清洁玻璃瓶或塑料瓶中，原则上以挤一次奶用一个容器为原则。现在市面上还有出售冷冻母乳专用的保鲜袋，使用起来很方便，可以注明日期再密封起来，密封时要注意留一些空间以便乳汁冷冻后膨胀。现在很多人母乳过多，也会用这种方式先储存，甚至捐赠给医院，给需要的人使用喔！不过不是每间医院都接受捐赠，捐赠者也需要先做身体检查。

十一、冷冻母乳营养会不会流失？

有些妈妈问，冷冻母乳在营养成分上会不会有变化？答案当然是有，冷冻母乳一旦解冻之后，淋巴球就会死亡，会失去免疫力，此外，母乳中的脂肪有时会遭到破坏而造成脂肪分离，并且附着在奶瓶上。

解冻母乳时，最好以40 ℃左右的温水解冻，然后马上喂宝宝喝，喝剩下的丢弃不用，如果把整包冷冻母乳丢进微波炉或热水中直接加热，母乳中的免疫物质就难以存活了，请务必小心，母乳不要用微波炉或用锅直接加热，应该采用隔水加热或是用温奶器加热的方法。

除了过度解冻会造成变质，母乳的存放也会影响到质量，为了让你的宝宝可以喝到营养又洁净的母乳，以下的方法和原则一定要注意。

1. 母乳的储存原则

（1）置于室温下：初乳❶可以存放12~24 小时，而成熟乳则只能存放6~10

---

❶ 初乳是指母亲分娩后48~72 小时内，由妈妈乳腺分泌出的奶前营养液。它的成分特别，含有一些免疫球蛋白如IgG (即是抗体)、白细胞、糖蛋白、生长因子（如IgF-1）等，能为初生婴孩提供对维持生命极重要的免疫力及生长因子，增加婴儿的抵抗力，让宝宝健康成长。

小时。

（2）放在冰箱冷藏室：注意成熟奶最多可以存放5天。

（3）放置于冰箱冷冻室：如果冷冻室与冷藏室同一个门，约可存放2周；若冷冻室与冷藏室不同门，则可存放3~4个月。如果是使用独立之冷冻室，恒温下可以存放6~12个月。

2. 冷冻母乳的使用原则

（1）在冷冻室解冻但未加热的奶水，放在室温下4小时之内仍可食用，如果是从冷冻室中取出，放于冷藏室24小时之内可以使用，但是记得不可以再放回冷冻室冷冻。

（2）用温水加热过之解冻奶，放在冷藏室4小时以内仍可食用，同样也不可以再度冷冻。

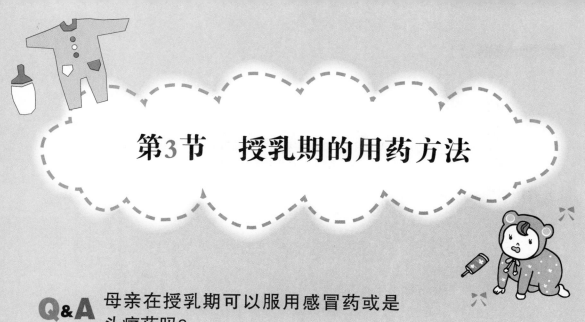

第3节　授乳期的用药方法

Q&A 母亲在授乳期可以服用感冒药或是
头痛药吗?

　　哺乳中的妈妈如果生病了，到底可不可以吃药？虽然大部分的药物成分都会经由母乳被宝宝吸收，但是宝宝吃到的量其实很少，所以一般成药并不会对宝宝造成伤害，但是在处方药里还是有少部分是不能在授乳期中服用的，所以我们要提醒妈妈们去医院请医生开处方药时，别忘了告诉医生或药剂师自己正在授哺母乳，请他避开不能服用的药物喔！

当你服用药物后，药会通过母体血液渗透到乳汁里，然后宝宝吸吮乳汁至肠胃道，而药物会不会对宝宝有影响，要看每种药物的特性及妈妈分泌至奶水中的药量而定。相对于6个月以内的宝宝，新生儿的食物来源几乎完全是母乳，所以影响较大，但你也不用过于太担心，通常进入奶水中的药量，只有不到你所服用剂量的1%，极少会影响婴儿。

一、药物对宝宝来说，安全吗？

正在喂母乳的你要是生病了，一定会感到很紧张，到底该不该去看医生，吃药会不会对宝宝造成影响呢？目前药物的选择种类很多，可以咨询医生或药师，大多数能找到安全的用药，千万不要急着停喂母乳。

二、授乳期用药的原则

一般来说，你可以按以下3大原则来考虑：

原则1：药效短的比药效长的安全，怎么判别呢？通常一天须吃多次的，都是属于药效短的药，而且可以很快从奶水中消失。

原则2：避免使用复方药物，例如含多种成分的感冒药，要先从单一成分试试看。

原则3：如果在无可避免的情况下，必须服用"需小心给予"的药物，建议你错开喂奶与服药时间。大部分药物在服用后1~3小时内达到最高浓度，此时奶水中药物浓度也最高。可在吃药前先喂奶，并事先挤出备用，服药后3~4小时将部分奶水挤出丢弃，一方面避免乳房充盈，另一方面藏于母乳脂肪中的药物可借此排空，通常等服药后6小时再喂奶是最安全的。

除了上面3个原则之外，还有其他该考虑的因素，像是含有雌性激素及黄体酮的避孕药会使奶水减少，也要特别加以注意。

总之，不管服用任何药物，一定要请医生帮你评估，选择影响最小的药物使用，千万不要矫枉过正，为了怕影响喂奶，生病了不去看医生，或是轻易地就放弃喂母乳喔！

贴心小叮咛

（1）绝对不能使用的药物：抗癌药物、放射治疗药物、环孢霉素（Cyclosporin，免疫抑制）、扑米酮（Mysoline，治疗癫痫）、甲磺酸溴隐亭片（Parlodel，治疗帕金森氏症）、麦角胺Ergotamine（治疗偏头痛）、锂盐（治疗躁症）、可卡因、古柯碱、海洛因、大麻、安非他命、尼古丁等。

（2）需小心使用的药物有：苯二氮卓类药（Benzodiazepines，抗焦虑）、抗抑郁剂、抗精神药物、巴比妥酸盐（Barbiturates，治疗安眠）、麻醉性止痛药、全身麻醉药、酒精、阿司匹林（Aspirin）、吲哚美辛（Indomethacin）、异烟肼（INAH）、甲氧氯普胺（Primperan）、甲硝唑（Flagy）、四环素（Tetracycline，使用不可超过3天）、噻嗪类药（Thiazides，利尿药）、磺胺类药（Sulfa drugs）。

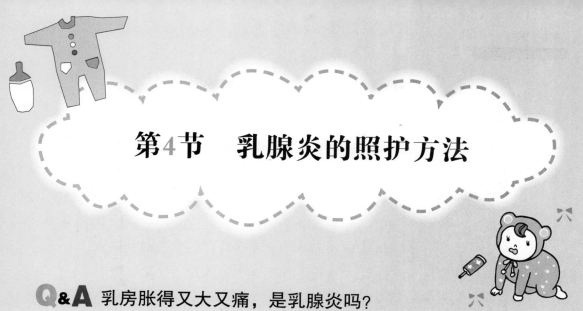

第4节　乳腺炎的照护方法

Q&A 乳房胀得又大又痛，是乳腺炎吗？

　　喂完奶后如果你的乳腺中还残留着奶水的话，乳腺的部分就会变硬结块，如果置之不理，就会因细菌感染而引起乳腺炎。如果有这样的症状时，一定要把乳房清空，停止按摩，以沾水的冷毛巾让乳房冷却一下，千万不要冰敷喔，过度冷却可能会抑制奶水分泌。而乳房外侧和下侧垂下的部分，最容易残留奶水，要时常注意清空，不要让这些部位长出硬块了。

　　在生产后的前几天，如果你的奶水明显增加，你可能会觉得乳房开始发热、变重而且胀大，但是奶水还是可以顺利地流出的，这就是所谓的胀奶，胀奶是每个妈妈都会有的问题，甚至很多人都会觉得相当难以忍受。有的妈妈从宝宝出生后马上就让宝宝开始吸奶，而且经常喂奶，就比较不容易有胀奶的感觉。通常喂母乳几天之后，你的乳房就会开始适应宝宝的需求，也就比较不容易胀奶了。

一、胀奶会造成乳腺炎吗？

如果在胀奶时没有让宝宝多喝奶的话，可能会发生持续的乳房肿胀、乳房过度充盈等，有一部分原因是因为奶水过多，或是组织液及血液的增加，另一部分则可能是水肿造成的。胀奶会压迫乳腺管，反而使奶水较不易流出，这时候乳房的皮肤看起来会比较紧绷而使得乳头比较平。让宝宝没办法含住乳房，不但吸不到奶，也比较容易因为吸奶姿势不好而造成你的乳头痛和破皮，有时还会合并出现皮肤发红及发热等，但是通常在24小时内就会自动退热了。

一旦发生乳房肿胀，你最好赶快挤出奶水，如果奶水没有挤出就可能产生乳腺炎，进而形成乳房脓疡，而使奶水的制造减少。建议增加宝宝吸吮的次数及时间，这样可以使你的乳腺管较快通畅。另外，在喂奶前可以依你自己的感觉选择冷敷或热敷，但是如果使用冷敷，要注意不要碰到乳晕附近，以免降低产生喷乳反射。过度的热敷有时候反而会使血管充血肿胀，所以在喂奶前使用不要超过3~5分钟。

二、乳腺炎的形成原因

如果乳房一部分的奶水没有挤出，或是输乳管被黏稠的乳汁堵住时，会发生输乳管阻塞，通常会产生局部疼痛的硬块，而上面的皮肤可能会开始泛红、发热，如果乳汁没有挤出则会造成乳房组织发炎，称为"非感染性乳腺炎"；有时候会导致乳房被细菌感染，又称为"感染性乳腺炎"。此时除了有局部疼痛的硬块、皮肤发红外，你可能还会伴随发热，容易疲惫等症状。

造成输乳管阻塞及乳腺炎的主要原因，可能是整个或部分乳房的奶水没有被吸出来，通常有以下几种情况：

（1）当妈妈很忙碌，或当宝宝比较不喝奶时。

（2）宝宝吸吮姿势不正确，没有把奶水吸出来。

（3）宝宝含得不好，可能只有排空一部分乳房。

（4）妈妈的衣服太紧，尤其当晚上睡觉也穿胸罩时，或是躺着压到乳房，都会阻塞一部分输乳管。

（5）妈妈在喂奶时用指头压住部分的乳房，会阻塞奶流出乳房，因为乳房下垂的关系，使得下面部分引流较差。

（6）乳房的外伤如果伤害到组织时，也会造成乳腺炎，例如突然的撞击造成乳房受伤等。

（7）如果有乳头龟裂情形，也会使细菌进入乳房组织，造成乳腺发炎。

不论造成乳腺炎的原因是什么，你一定要多喂奶、多休息，当宝宝吸吮时，轻轻地按摩乳房硬块周围，两餐喂食中间可以用冷敷减轻疼痛，在喂奶前可以热敷，让奶水容易被吸出来。即使是乳腺发炎了，仍可以持续喂宝宝喝奶，并不会增加宝宝感染的机会，如果你真的很不想喂发炎的一侧，也一定要将奶水挤出来，才能改善症状。

通常当乳房的奶水被吸出来后，输乳管阻塞或乳腺炎在一天内就可以改善了，如果你的症状非常严重，已经有明显的发热、疲惫，或是乳头有破皮龟裂的症状，就要找医生诊治了，治疗乳腺炎的药物对宝宝并不会有影响，仍然可以喂奶。

如果持续服用药物5天后，仍有疼痛的肿块存在时，要考虑是否有化脓，如果是化脓，建议你做局部麻醉切开引流，手术时要跟医生说明你正在哺乳，切割伤口时要尽量远离乳晕。

三、哺乳期间的饮食禁忌

如果你有过敏的家族遗传体质，最好要避免吃花生、坚果类的食物，以免宝宝将来也会对花生过敏。不过有些妈妈吃了辣的食物、柑橘类水果或是豆类食物之后，宝宝容易会有肠胃不舒服的症状。假如你发生了这样的情况，注意试着吃或是不吃这类食物时宝宝的反应。

另外还有比较有趣的是，有些妈妈发现在吃了生大蒜或生洋葱后，宝宝还会不愿意喝奶呢！

1. 尽量避免吃含咖啡因的食品

有一点要特别提醒你，在哺乳期最好减少食用含咖啡因食品，像咖啡、巧克力、可乐及茶。在吃下食物60分钟之后，咖啡因在母乳中的含量最高，如果你的摄取量一天小于750毫克，虽然对于婴儿的影响不大，但是如果你长期大量饮用含咖啡因饮料时，就有可能会造成宝宝不安、睡不好。咖啡因在宝宝体内的代谢会随着年龄越大，影响会越来越小。如果你觉得宝宝晚上睡得不好，就尽量在下午3点之后就不要再喝咖啡了。

2. 保持合理的饮食量

一般而言，哺乳期一天所需热量约2300千卡（1卡=4.18焦耳），六大类食物建议摄取量为五谷根茎类3.5 碗、奶类2~3 杯、肉鱼豆蛋类5~6 两、蔬菜类3~4 小碟、水果类2 份（约成年女性的2 个拳头大小），还有至少6~8 杯的炖汤或水分。一定要记得，只有在均衡营养的前提下补充其他的配方，才能分泌优质的母乳，千万不能单靠泌乳偏方而忽略了营养的摄取喔！

如果想要从一般食物中补充一些促进泌乳的成分，必须依照每个人的体质不同而补充，常见的食品有猪脚、花生、青木瓜、牛奶、豆浆、芝麻、红豆、莴苣、鲤鱼等，中药材则以通草最常见。

哺乳期中的妈妈们要注意放松心情，多注意饮食均衡，抱着"饿了就吃，渴了就喝"的原则，加上足够的休息与睡眠，依照宝宝的需求哺乳，奶量一定足够宝宝所需，千万别太过担心。

3. 哺乳期间可以喝酒吗？

一般来说，只要你的饮食均衡，其实并没有太大的禁忌，原则上也是可以喝酒的，只是酒精会随着奶水分泌而被宝宝吸入，所以一定要限制自己只能喝很少的量，最多一天只能一小杯。适量的酒能让你的情绪放松，也可以促进血液循环，对你是有帮助的。

贴心小叮咛

哺乳期需少吃下列食物

（1）咖啡和浓茶。

（2）含脂肪多的食物，如肥肉、油炸食物等。

（3）少吃太咸或熏制的食物，如腌肉、咸蛋、咸鱼、火腿、豆腐乳等。

（4）不要吃热量高，但是没有营养价值的食物，如糖果、巧克力、甜点、可乐、汽水等。

（5）少吃刺激性的调味品，如辣椒、胡椒、咖喱、烟、酒等。

四、按摩乳房促进乳汁分泌

除了均衡饮食可以促进血液循环之外，多做做乳房按摩也可以软化乳晕及乳头部分，让宝宝更容易吸吮，按摩的重点在于打开乳汁出口的输乳管开口，建议你可以在授乳前进行。

Step1.

将两手的手掌置于腋下，手掌紧贴于腋下的基底部，基底部为乳房的根部，刺激这个地方是按摩的基本重点。

Step 2.

将两只朝内侧的手掌，以平行移动的方式由腋下往乳房中间靠拢、压迫，但是要注意不要压迫到乳晕上方。

Step 3.

两手的掌心朝上重叠在一起，并放于乳房下方。手掌以上撑的姿势将乳房往上推，轻轻地以手掌撑起乳房，也不要太过用力推挤，只要轻轻地往上撑起即可。

贴心小叮咛

泌乳茶

功效：具有养阴助乳之效，适合一般产妇食用。

材料及做法：粳米、糯米、食用莴苣子、生甘草，一起加水熬煮制出味即可饮用。

其实只要妈妈们均衡摄取各类食物，补充足够的水分、经常按摩刺激乳房、保持心情愉快及正常作息，并以正确喂奶的方式喂宝宝，应该就不会有太大问题。如果你真的很担心泌乳量不够，也可以寻求一些泌乳配方饮食来增加泌乳量。

五、如何确定宝宝喝够了呢？

如果喂完母乳没多久宝宝又哭了，是不是母乳不够呢？到底多久该喂一次？其实授乳不是在固定的时间喂宝宝，而是在宝宝想喝奶而哭泣时喂他，这种方式称为"自律授乳"。但如果宝宝频频哭泣的话，则可能是母乳的分泌量有问题。要判断母乳是否不足，可从宝宝的体重增加状况来观察。当宝宝因为饿而哭的时候，你就要喂奶。宝宝吸吮的力道可以促进乳汁分泌，如果一开始就能满足宝宝的需求，之后喂母乳就会变得很轻松。一般来说，未满6周的宝宝，平均一天要喂8~15次，晚间占1~2次。

产后的1~2周，1天的授乳频率为10~15次，渐渐地调整成每3小时喂1次奶，等到3个月后，平均大约4小时喂1次奶就可以了。但是如果宝宝体重偏低、爱哭、不容易入睡的话，则可能是因为母乳不足的关系，以下为你提供几项观察指标，可借此判断你的奶量是否真的够宝宝吃。

1. 定期帮宝宝量体重

每周帮宝宝量一次体重，记下体重增加状况，确认宝宝是否顺利成长，至于宝宝的体重和身长，可以查阅第5章中"宝宝的成长对照表"。

即使体重增加的量很少，也千万别轻易完全换成配方乳，不妨多做乳房按摩、事后挤奶等，想办法促进乳汁分泌，如果要用配方乳补足，你可以先喂宝宝喝母乳，然后再补充宝宝想要的奶量即可，同时观察宝宝的情绪和睡眠！

出生3个月内的宝宝体重增加标准值

月龄	增重
0~1个月	每10天增加300~400g
1~2个月	每10天增加300~400g
2~3个月	每10天增加250~300g

2. 观察宝宝的情绪和睡眠

出生后1个月内的宝宝，由于生活作息尚未固定，所以会频频哭泣以催促母亲喂奶，2个月以后由于醒着的时间拉长，就比较容易区分宝宝心情好和不好。通常哭泣的理由并非只有喝奶的问题，但你如果总觉得宝宝很磨人，即使睡着了也半个小时左右就醒来哭，就有可能是母乳不足了。

3. 喂奶时间与间隔

妈妈的每一侧乳房在5~10分钟之间大约会释出90%母乳的量，宝宝如果是每隔1小时左右想喝奶、授乳间隔很短，或是每次喝奶都吸1小时以上，也或许是母乳不足引起的。

4. 观察排便、尿尿的状况

宝宝出生2~3个月以后，宝宝的排泄次数大致稳定，排便虽然有很大的个人差异，但是宝宝每天尿尿的次数平均值为5~6次，如果比这个数值少很多的话，则可能是母乳不足或水分不足。

5. 注意你乳房胀奶程度

当你的乳房胀得大大的，并且有奶水从乳头滴下，或是觉得乳头前端向上突出、轻轻一压母乳就流出来的话，这就表示你的泌乳相当顺利，但是如果没有类似感觉，就可能是母乳分泌的量比较少。

因为喂母乳无法看到宝宝喝下去的量，所以没有办法知道宝宝到底有没有喝下去，吃饱了没？建议你可以先从以上几点观察原则做判断，如果真的有母乳不够的问题，请不要自责。我们还是强调要持续进行乳房按摩、挤奶、耐心地让宝宝吸奶等每日课程。虽然这很费时间，但是有不少母亲因为这些做法而增加泌乳量。如果这些努力都做了，还是无法改善的话，才选择用配方乳补充不够的量。

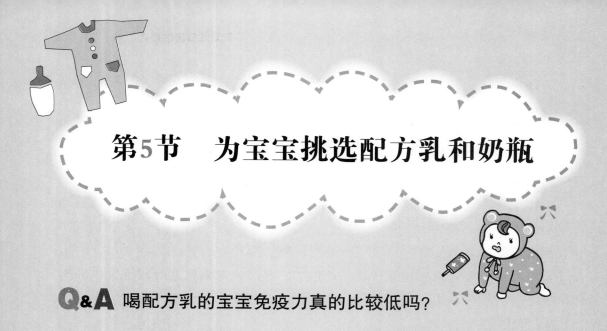

第5节　为宝宝挑选配方乳和奶瓶

Q&A 喝配方乳的宝宝免疫力真的比较低吗？

　　配方乳大多是以牛奶为主要原料，由于最近生化医学的发达，在配方乳的营养方面不断研发到接近母乳的成分，虽然不像母乳那样具有免疫物质，但因为宝宝先前已经透过胎盘从母体取得某种程度的免疫力，所以并非不吃母乳就完全没有免疫力，建议无法喂母乳的妈妈还是要多比较各牌子的配方乳，找出最适合宝宝的配方乳。

　　如果你已经决定要以配方乳来喂宝宝了，产后1周内的初乳，最好是尽量让宝宝吸吮。但是如果你因为母乳不足、患病或是其他原因无法哺喂，配方乳也可以养育出健康的宝宝的，不要担心。不过宝宝对每种配方乳的反应不一样，要细心比较，观察宝宝是否适应，再好好为他做选择！也不要随便更换另一个牌子的奶粉，如果需要更换，也要让宝宝先试喝看看，再观察他的消化和排便是否正常，食欲是否良好等。

一、如何选择配方乳？

许多妈妈会跑来问，到底该怎么选择配方乳呢？其实很简单，必备的要点是要选用具有权威机构检验合格字样的产品，原则上各品牌在营养上并无优劣之分，不需要添加特殊成分的产品，选择时以适合新生儿，不致产生腹泻或便秘，质量管理较严格的大厂为佳，建议你购买前可到权威机构网站去查询产品是否有核准登记，这是比较保险的做法。

出生后 3 个月之内的宝宝，由于肠道的功能尚未成熟，有时候无法充分消化牛奶蛋白，体内会因此产生抗体，出现过敏症状。某些父母因为双方都有过敏体质，所以宝宝有过敏症的比例比较高，现在市面上为了体贴这些父母，推出把牛奶蛋白分解得很细的配方乳，降低宝宝的过敏反应概率。

其实，在给宝宝配方乳之前，可以先询问小儿科医生的意见，然后再选择适合宝宝的产品，才是最有保障的做法。

二、选择配方乳该注意什么？

一般市售的奶粉成分和标示等都会很清楚，如果你对于某些成分的功效不清楚，可以询问其厂牌的营养师，或是在医院时询问医院营养师的意见。需要注意的是一般医院都有配合的厂商，如果你已经事先有规划让宝宝喝固定厂牌的奶粉，可以在待产时先带去医院，请护士喂食此奶粉，宝宝才不会有出院时需要更换奶粉的适应问题。

1. 成分

除了注意营养均衡之外，更要针对宝宝需求做机能性选择，对于奶粉中所添加的特殊配方，要注意是否有临床实验证明或报告。

2. 品牌信誉要好

以具有研发背景的品牌为首选，尤其可以选择在国内外有长期销售历史的厂商，最好是从研发、生产、销售皆由同一家公司作业，这样才可以确保质量的稳定。

3. 包装标示清楚

包装外要明确标有营养成分、营养分析、制造日期、保存期限及使用方法等。

4. 专业服务

需提供消费者售后服务及长期专业咨询的厂商为佳，最好是有专业营养师的咨询服务。

5. 售价合理

因为配方乳的成分基本是大同小异，所以标榜含有特殊成分或功效而售价特别高的奶粉，选购时要特别小心，以免受骗。

6. 咨询专科医生

奶粉的选购要以适合宝宝各阶段成长的营养需求来考虑，最好可以请教专科医生。

三、奶粉的冲泡方法

奶粉罐上大多标有冲泡方法，这些方法都是经过各家公司实验得出的，最好是参考这些冲泡法，不过其实奶粉的冲泡方式都大同小异，我们一起来聊一聊吧！

1. 先备齐用品

适温的开水、奶瓶、纱布和毛巾等必备的物品要放在一起，尤其是晚上，爸妈们半夜起来喂奶时往往会手忙脚乱，最好是把奶粉分装好一次的量，以免迷迷糊糊中加错了。

2. 注入温开水

在消毒过的奶瓶中先注入约2/3 的水量，要用煮沸过冷却至50~60℃的温开水，如果用可以维持适温的调乳器，会更加方便。

3. 加入奶粉

加入奶粉，每一匙奶粉都要挖成平匙，将需要的量放入奶瓶内，奶粉的量须依各厂商的规定，务必使用随罐附赠的专用量器。

4. 摇晃溶解奶粉

奶粉加入开水之后，要先静静的摇晃，先溶解奶粉以避免起泡泡，等大致都溶解后就不会有结块了，宝宝喝奶比较容易吸收。

5. 加温开水至足量

奶粉几乎都溶解之后，加足温开水到冲泡完成的量，一面确认避免添加过多，一面进行量的调节。

6. 以转圈方式摇匀

盖上盖子后再摇匀，可以用转圈圈的方式轻轻摇晃，尽量不要上下摇晃，以免起泡泡。

7. 确认温度

记得滴几滴在手腕上确定温度，牛奶大约调整到体温左右的温度，不会太烫也不会太冷的话就是适温了，如果太烫的话，可以把奶瓶放入装有冷水的盆子里冷却，若时间很赶就用流水冲淋瓶身。

四、如何选择宝宝使用的奶瓶?

选择奶瓶也是很重要的，应该购买几个大的、中的、小的呢？奶瓶又该如何清洗呢？这些功课，爸妈们都必须先做好喔，在宝宝出生前就先帮他购买足够和适合的奶瓶和消毒、清洗器具等，也要特别注意清洗方式和替换的频率，才不会宝宝一出生爸妈才手忙脚乱的赶快去选购，那就无法好好地比较和选择了。

目前奶瓶的材质大致有两种：一种是玻璃制的，一种是塑料材质的。一般我们都建议使用玻璃奶瓶较为安全无毒，是比较好的选择，不过玻璃奶瓶容易摔破，适合刚出生由爸妈拿取奶瓶给宝宝喂奶。玻璃奶瓶容易过热，要小心温度控制喔！

对于可以手拿奶瓶的较大宝宝来说，可以为他选择安全无毒的塑料奶瓶，开始训练他自己抓取奶瓶喝奶了，不过要注意奶瓶标示是否为安全无毒的材质喔！

你以为奶瓶的选择很简单吗？因为奶瓶直接和奶水接触，选择好的材质是很重要的，如果选到了质量不佳的，可是会让宝宝直接吸入有毒物质而影响发育，甚至会导致宝宝发生危险呢，所以正确的奶瓶选购重点，你一定要特别注意。选购时要将瓶身和奶嘴两个部分分开来看，下面几个重点要张大眼睛看清楚。

1. 先看透明度

选择奶瓶的时候，你首先要看看奶瓶的透明度如何，一个好的奶瓶要够透明，可以清楚地看到牛奶的容量和状态。最好选择瓶身不要有太多的图案和色彩的。

除此之外，好的奶瓶必须硬度高，你用手捏一捏就可以感觉出来；太软的材质遇到高温就会变形，一定要注意。至于奶嘴的部分，要先观察奶嘴的底部，因为宝宝在吸吮的时候嘴唇会抵住奶嘴的底部，所以这个部位的设计会直接影响宝宝的接受度。目前市场上有一种宽口的奶瓶，这种奶瓶是依照妈妈的乳房来设计的，柔软、宽度大的底部就好像妈妈的乳房一样。

2. 硅胶奶嘴优于橡胶

奶嘴是决定一个好的奶瓶的关键，它决定了宝宝会不会接受这个奶瓶。目前大部分的奶嘴都是由硅胶制成，也有一部分用橡胶。硅胶奶嘴比较接近妈妈乳头的触感，软硬度也适中，可以促进宝宝唾液分泌。还有，不要选太容易流出奶水的奶嘴，以免宝宝一下子喝太多，而且也不利于下颚的发育，要选择质地较硬的，最好是要用力吸才能喝到的那种。

奶嘴的开口有许多选择喔，有的是十字孔，有的是圆孔，还有比较新的产品是根据母乳流量的原理设计了1个孔、2个孔、3个孔的奶嘴。所以，建议你可以根据宝宝的年龄来选择奶嘴。

（1）圆孔。适合刚出生的婴儿，奶水能够自动流出，且流量较少。按吸奶力量和月龄区分，新生儿要选择小号（S）尺寸，而喝奶很急的宝宝要避免用大号（L）尺寸。

（2）三叉孔。适合3个月以上的宝宝，奶流量

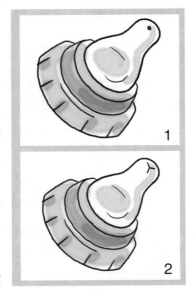

1

2

比较稳定，但三叉孔不像十字孔那么容易断裂。出奶量会依吸奶力量而调整，因此不必变换尺寸，特征就是吸起来比圆孔奶嘴吃力。

3

（3）十字孔。适合3个月以上的宝宝，和三叉孔奶嘴一样，根据宝宝的吸吮力量调节奶量，流量较大。十字孔的开口很大，也适合在喂果汁等有纤维的饮料时使用。

月龄小的宝宝应该要选择小一点的孔，因为如果奶孔过大，容易造成宝宝呛奶。等到宝宝月龄大一点，吸吮能力比较强的时候，就可以选择孔大一些的奶嘴。你在买奶嘴的时候可以问一下店员，如果想要知道奶孔大小是否适中，可以在奶瓶里加一些水，然后把奶瓶倒过来，看看水的流量。标准的奶孔大小适中，每秒钟可滴2滴左右，如果像水流一样地流出，那就是奶孔太大。

很多奶瓶在设计奶嘴的时候，会因为宝宝的吸吮而造成奶嘴塌陷，所以现在设计了具有防塌陷功能的奶嘴。但如果没有办法买到这样的奶嘴，当你喂宝宝时奶嘴塌陷的话，可以先把奶嘴和奶瓶稍微分开，让空气进入奶瓶内，这样就可以让塌陷的奶嘴恢复正常了。

五、奶瓶的消毒每餐都要做吗？

对出生1个月的宝宝来说，消毒是必须做的。宝宝在出生后1个月之内，肠胃道呈现无菌状态，万一病菌入侵就会生病，所以最好能每餐消毒奶瓶。

为了避免宝宝生病，建议你最好在每次喂完奶就马上清洗或消毒奶瓶，以防奶水滋生细菌。你可以把水放入奶瓶中，然后再分别清洗奶嘴及奶瓶，使用刷子辅助，确保瓶中不会留下任何残留物。

消毒奶瓶前要注意：清洗奶嘴的时候，要先用清水冲干净，并把奶嘴翻转过来，确定奶嘴孔没有堵住，然后再用下面的方法来消毒奶瓶和奶嘴。

1. 煮沸法

把奶瓶及奶嘴等放在一个大的锅子里，装满水后煮10分钟即可。

2. 消毒药片或消毒水法

把喂食器具放在一个大的容器中，装满水，然

后放入消毒药片或是消毒水，放置30分钟。

3. 蒸汽消毒法

利用水蒸气来消毒喂食器具的电器，每次使用约需10分钟。

4. 微波炉消毒法

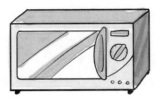

使用一种特别的消毒器皿，可以放进微波炉中使用，每次约5分钟，使用前要先确认奶嘴及奶瓶是否可以放进微波炉，并且要把奶嘴和瓶身分离。

清楚了奶瓶及奶嘴的选择及清洗之后，向你提供一个小诀窍，因为一般奶嘴比较容易咬坏，所以你不妨多准备一些奶嘴，在奶嘴被咬坏时只要换掉奶嘴就可以，不用换掉整个奶瓶，这是比较实惠的做法。或者是当你带宝宝出游时，没有办法清洗或消毒，直接换一个奶嘴也是不错的方法。

第6节　帮宝宝断奶的最佳时机

Q&A 宝宝何时要断奶了？

帮宝宝断奶的最佳时机因人而异，在4~6个月开始，因为此时大多数宝宝的神经发育及咀嚼功能日渐成熟，所以可以适当地为宝宝添加辅食。当断奶食品持续补充时，母乳的营养价值就渐渐降低，分泌量也会跟着减少。等到1岁过后，宝宝改吃幼儿食品时，通过一般正常的饮食也可以摄取到充足的营养，这就是母乳功成身退的时候了。

要让宝宝离开一直依赖的奶水，确实有一点小难度，爸妈要很有耐心地诱导他开始学会吃辅食，等他开始喜欢其他食物时再开始慢慢减少喝奶的次数和量，刚开始宝宝会不习惯，不过你不要担心辅食营养会不足，辅食如果选得好，宝宝不但会更健康，也会更喜欢自己咀嚼食物的。

一、帮宝宝断奶该注意什么？

妈妈们可以喂母乳到宝宝2~3岁都没问题，但是当宝宝逐渐长大，一般的饮食除了可以提供适合宝宝生理状况所需的营养之外，更重要的是训练宝宝吞咽及咀嚼能力，让宝宝适应固体食物，才能逐步建立饮食习惯。另外，经由口腔的咀嚼，也可以训练孩子发音，所以断奶的动作意义相当重要。

断奶意味着宝宝生活习惯的改变，所以选择断奶的季节一定要谨慎。夏天时因为宝宝出汗多，胃肠消化能力较弱，食物容易腐败变质而导致宝宝腹泻、消化不良；冬季气候寒冷，宝宝容易着凉、感冒。所以一般而言，春天或是秋天凉爽的季节是最适合进行断奶的时机，你可以参考看看。

二、宝宝断奶后要吃什么辅食？

让宝宝断奶的技巧在于准备期与适应期，让宝宝慢慢脱离单纯以母乳或配方乳为主食，逐渐增加其他流质、半固体、固体的食物摄取。断奶要循序渐进，首先要知道宝宝成长各阶段的饮食特性，什么时候可以开始添加什么样的辅食等。宝宝在4个月之前要以母乳或配方乳为主食，但出生2个月后可开始加喂新鲜果汁及蔬菜汁。到了宝宝4~6个月时，已有咀嚼能力，可以开始添加辅食，但必须是汤汁或糊状物，建议你以米糊为首选，待宝宝适应之后，再喂食麦糊及其他五谷根茎类的糊状食物。

6~9个月大的宝宝，就可以喂食蛋、豆类，或是少许鱼肉类，这个时候你就要开始逐渐减少哺乳次数，可改由牛奶、豆浆代替。如果要喂宝宝吃蛋，记得要先从蛋黄开始，等宝宝1岁之后再喂食蛋白，有壳的海鲜尽量别给宝宝吃，以减少过敏的机会。

1岁左右的宝宝，大多数已经长出部分乳牙了，辅食可以从流质逐步改变成半固体，然后完全转换成固体。把握下面提供的几项重点，让断奶计划更顺利进行。

1. 断奶的注意事项

（1）**不要同时增加两种新食物**：每次只能喂食一种新的食物，由少量开始试吃，以免增加宝宝胃肠的负担。可先试着喂食3~5天，若宝宝对新食物不能接受，再换其他相类似种类的食物。每吃一种新的食物时，你要注意看宝宝的皮肤及粪便状况，如果没有不正常的反应（如腹泻、呕吐、皮肤潮红或出疹症状），才可换另一种新的食物。

（2）**宝宝专用的饮食小器具**：选择轻巧和牢固的宝宝专用食器，鲜艳颜色及可爱的图案等都很容易吸引宝宝的注意力。你可以把固体食物放在这些可爱的杯杯盘盘里，再用汤匙喂宝宝，这样可以让宝宝适应大人的吃饭方式。

（3）**让宝宝自己来**：这个时期的宝宝会不断地尝试使用自己的小手，加上宝宝的模仿力和模仿欲都很强烈，所以当他想拿起水杯时，请抓住这个机会让宝宝和家人一起进食，让宝宝拿着水杯有模有样地和家人一起吃饭，宝宝会感到很有趣，这有助于宝宝接受新的进食方式。

（4）**适时、适当的喂食**：喂辅食的时间最好选在宝宝肚子饿时，可以将食物放置在宝宝舌头的后1/3处，这样食物比较容易吞咽，如果放在舌头的前1/3处则会因为反射行为的关系，让宝宝把食物吐出来。

常常看到有些错误示范，由于妈妈奶水充足，所以在哺乳期间不给宝宝添加辅食；或是强行断奶，在乳头上涂些辣味、苦味的东西来吓宝宝，这样不但会让宝宝感到痛苦，也可能因此排斥其他食物。另外，有些妈妈会在断奶时，因不忍心看到宝宝哭闹而半途而废，于是恢复喂奶，造成宝宝恋奶，这样下次断奶就更加困难了。

2. 断奶后的乳房护理

断奶后母乳还是会分泌一阵子，如果置之不理的话，母乳会残留在乳腺里，所以你一定要做好乳房的护理工作。当停止喂奶时，母乳的分泌量就会减少，如果觉得热热胀胀的话，可以用湿毛巾冷敷，如果觉得真的很痛，不妨稍微挤出一些乳汁，只要挤到第3天时乳头周围变柔软的程度就可以了。3天之后，每天只要挤出少量，保持乳腺畅通即可。每隔1周、2周，1个月的间隔，挤出少量乳汁来，最后如果挤出来的乳汁像初乳那样高浓度时，你的乳房护理就大功告成了。

最后，对哺喂配方乳的妈妈们有一些小叮咛，用配方乳喂宝宝比较容易造成过度喂食，所以你不一定要照着奶粉罐上建议的哺喂次数及分量，应该依照宝宝的摄取情形及食欲来调整，如果宝宝不吃，通常是已经吃饱了，不要再强迫他吃。另外，千万不要让宝宝含着奶瓶睡觉，很多粗心大意的妈妈忘了在宝宝睡着后拿下奶瓶，结果造成奶瓶性蛀牙，即使你的宝宝尚未长牙，也依然会对牙床造成破坏。

前面有提到长期使用安抚奶嘴或不当的吸食姿势，会造成乳牙移位及导致上唇与下唇的张力松弛，严重的还可能会引起婴幼儿下颌骨突出，造成咬合不正或者开咬等问题，所以建议你在孩子9个月大的时候就应该断掉奶瓶和奶

嘴，可以开始试着教宝宝用杯子喝水了。

三、如何让宝宝戒除奶嘴？

为什么宝宝都爱吸奶嘴？那是因为宝宝从出生至2岁左右时为"口腔期"，此时的宝宝要通过吸吮来获得抚慰及安全感。因此小宝宝除了吸母乳或配方乳来得到生理上的饱足感外，其他时间也会想要通过吸吮来得到口腔的满足，让他感觉熟悉、安全，还可以平息焦虑的情绪。

吸吮是小婴儿的本能，很多胎儿在妈妈肚子里时，就已经会把手指头放在嘴巴里，手指头就像宝宝的第一个奶嘴。在部分心理研究报告中发现，如果孩子在口腔期没有得到满足，加上家长又没有给宝宝足够的安全感，在宝宝长大后，个性上可能会出现偏激、没耐性、不安、悲观等负面表现。所以，建议在出生后至1.5岁左右，都可以适当地使用安抚奶嘴。当然有些宝宝并不爱吸奶嘴，只要宝宝没有表现出吸奶嘴或手指的欲望，而且情绪稳定，你也不用刻意硬帮宝宝塞上一个奶嘴。

1. 避免过度使用奶嘴

宝宝过了1岁之后，开始学走路、学说话了，你可以尽量减少白天奶嘴的使用时间，只在宝宝睡觉或累了的时候才使用。因为过度使用奶嘴容易产生牙齿咬合不正、门牙暴牙或是嘴巴形状不佳的状况，严重一点的，还可能会影响说话和发音，所以一定要注意，不要让宝宝整天含着奶嘴不放。

曾有父母以为给宝宝塞个奶嘴，就可以解决宝宝的情绪问题，长久下来，可能会造成宝宝对奶嘴过度依赖。其实，应该把重心放在宝宝的需求上，了解宝宝哭闹的原因是因为肚子饿、太冷太热，还是想找人抱？只有真正解决宝宝的需求才是治本之道，而不是用奶嘴打发。

到底什么时间才该让宝宝开始戒掉奶嘴呢？当宝宝已经有更多探索能力，可以从许多其他的事物得到满足及快乐时，就是奶嘴差不多功成身退的时候了。少数孩子持续到两三岁仍习惯吸着奶嘴，或是已经吸到手指破皮，这个时候你一定要坚持帮宝宝戒掉奶嘴、手指。要注意的是，你一定要耐心地诱导宝宝，不要采取强硬的手段，不然可能会让宝宝留下不好的印象。

医学上并没有明确的时间表示宝宝应该戒掉奶嘴、手指的时机，一般建议家长可以考虑在1岁左右，当宝宝已经有一些沟通能力时，尽量用其他的东西来转移宝宝的注意力，通常最迟在2岁前要让宝宝戒掉奶嘴。

吸奶嘴的孩子，如果父母将奶嘴藏起来，可能只需要2~3天甚至1个星期孩子就可以戒掉奶嘴了，而吸手指的孩子，因为很方便，可能需要比较长的时间才戒得掉。有些妈妈为了让宝宝戒掉奶嘴，会在奶嘴上抹辣椒或采用完全禁止等强烈的手段，这样对宝宝来说并不好，可能会对宝宝造成心理上的伤害。所以，如果真的要用强烈的方式，最好针对大一点的宝宝，而且要先口头提醒宝宝至少2次，让宝宝知道一直吸奶嘴，奶嘴会坏掉，第3次才抹辣椒，让他有心理准备。

2. 戒除奶嘴的方法

（1）剪破奶嘴。故意把奶嘴剪破，让宝宝发现吸起来很奇怪。或请宝宝把坏掉奶嘴丢掉，等他下次想吸时，告诉他已经坏掉，并引导他想起来是自己丢掉的。

（2）循序渐进消失法。白天尽量不让宝宝看见奶嘴，并安排宝宝多玩玩具或游戏，转移对奶嘴的注意力及使用时间。

（3）说话或吃东西时不可以吸。当宝宝要说话或想吃东西时，可以告诉他如果不拿掉奶嘴，别人听不懂或不能吃东西。

（4）告诉他为什么不能吸。如果宝宝已经到了2岁能理解大人意思时，你可以提醒宝宝：已经长大了、吸奶嘴牙齿会不好看、别人会笑等，请宝宝不要再吸奶嘴了。

（5）利用故事吸引他。利用戒奶嘴的故事书，让宝宝期待自己也可以像主角一样戒掉奶嘴。

（6）换一个奶嘴。换一个宝宝比较不喜欢的新奶嘴形状，并告诉宝宝这种奶嘴不好吸，引导他不要再吸了。

（7）减少半夜吸奶嘴。如果宝宝半夜一定要吸奶嘴才能入睡，请你尽量在睡前一餐让宝宝吃足够的固体食物，这样可减少半夜肚子饿，半梦半醒间非要吸奶嘴的情况。

（8）奖励法。孩子2岁以后，家长可以使用奖励法，例如：整天没吸奶嘴，妈妈就给他一个小玩具、多说一个故事等奖励。

（9）偶像的力量。如果孩子很喜欢某些卡通人物或明星，你可以告诉他：如果你一直吸奶嘴，某某会不喜欢你喔！或者通过孩子较亲近的朋友、大哥哥、大姐姐去劝宝宝不要吸奶嘴了。

第3章

婴幼儿日常生活的照顾

照顾宝宝是一件相当累人的事，尤其是对新手妈妈而言，从帮宝宝换尿布、洗澡，到哄宝宝睡觉，都是第一次的初体验。千万不要给自己太大的压力，不同宝宝的照顾方式会因为家庭的生活不同而不一样，不必有非照着做不可的压力，建议你可以从打理宝宝的琐碎事物中，寻找与宝宝一同学习、游戏的机会，这样才能充分享受照顾宝宝的乐趣。

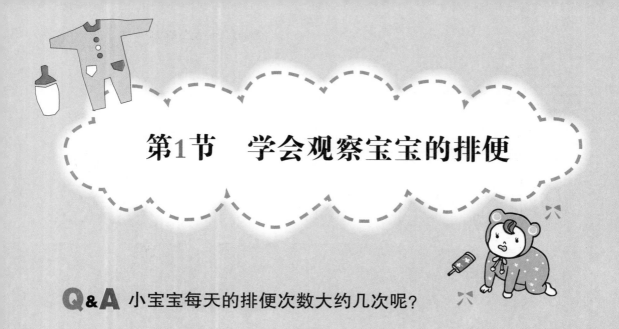

第1节　学会观察宝宝的排便

Q&A 小宝宝每天的排便次数大约几次呢?

　　一般来说，新生儿宝宝每天的排便次数很多，有些小朋友一吃完就拉，但是一天排便2~5次都算是正常的，等到满月之后会慢慢减少到2~3次，但是有些宝宝则是2天才排便1次。

　　就算排便次数变少了，只要排便情形顺畅，宝宝又没有特别不舒服的状况，妈妈们也不用太过紧张。

　　少了爸爸妈妈的照顾，宝宝是没有办法自己一个人生活的，而且婴儿无法用言语表达，所以妈妈们要学习观察宝宝的便便，因为便便是宝宝健康的指标喔！从观察便便的形状、颜色、硬度、气味，就可以知道宝宝身体状况和是否罹患疾病了。所以平时你一定要多注意宝宝的排便或是排尿状况，最好还要登记下来，如果有任何异常的情形，就要尽快找医生帮忙检查。

一、宝宝的排便状况正常吗?

人类每天的动力来自于进食,自然也就会排泄,其实不光是宝宝,成人也是一样,从排便的颜色和状态等就可以观察到这个人的健康情形,所以现在市面上也开始出现某些教你观察排泄物的书籍,只是大人们不舒服会说出来,也会寻求医生治疗,但是宝宝不会言语,所以更要注意这些细节,才能知道宝宝是不是生病了。

很多人都以为宝宝的排便应该和大人一样,是完整的条状,尤其是新手妈妈最容易因为看到宝宝的大便呈现黄绿色而大惊失色,急着来医院寻求医生帮助,往往到最后才发现这是宝宝的正常状态,宝宝的消化系统还没发育完全,一般成人吃下食物后大约会停在肠胃里16~24小时,但是食物在新生儿宝宝的肠胃里只能停留4~7小时,所以宝宝排便的次数比成人多很多, 1 个月内的宝宝每天可能多达6~7次。

二、正常的便便是什么颜色的?

每个宝宝的食欲及代谢速度不同,所以要判断宝宝排泄的状况是否正常,可以先多注意宝宝平日的情况,要是宝宝突然变得不想吃东西或是特别爱吃,还有排泄状况有很大的改变时,就应该找医生做检查了。一般来说,宝宝的正常排泄情形,可分成小便与大便来看:

1. 观察宝宝的小便

大多数的宝宝在出生后24 小时内会有第1 次的小便,如果你发现宝宝的初次小便有延迟的现象,就要先确定是否有先天性泌尿系统异常、肾脏畸形、脊柱裂或包皮闭合等情况,现在通常宝宝都是在医院生产,护士们自然会注意宝宝是否排便或是排尿了,妈妈们不用太担心。

门诊常常有妈妈们紧张地抱宝宝来看诊,因为妈妈发现宝宝的尿液有时候呈现粉红色,或是出现结晶状态,就误以为宝宝出血了,其实这只是因为尿酸含量比较高,是一种良性的状况,不要过度担心。一般正常喂食状况下的宝宝,每天至少要小便6次以上,尿液的颜色通常呈现淡黄色或是无色。

2. 观察宝宝的大便

正常情况下宝宝在出生后2~3 天内就会解胎便了,这个时候的胎便因为含有胆色素,会呈现黏稠状态,颜色为墨绿色。到了大约第4 天过后便便就会开

始由墨绿色转为黄绿色或是接近咖啡色，在医学上称为转形便。过了3~4天，吃母乳的宝宝大便会呈淡黄色且带有颗粒的稀便，而喝配方乳的宝宝大便则为淡黄色，有时会是带点绿的软糊便。通常喝母乳的宝宝排便次数会比配方乳的宝宝每天多4次左右。

完全喂母乳的妈妈会发现宝宝在满月前会解出带酸味、水状的大便，你千万不要以为是宝宝腹泻或吸收不良喔！排便习惯到了满月之后就会改变，大便会较成形，甚至好几天才有便便，只要大便不要太硬，宝宝没有不舒服的症状，这都是正常的；至于喂配方乳的宝宝大便本来就会较硬。一般来说，宝宝大便的形状与次数要到5~6个月以后才会和成人一样。

三、如何判断宝宝排便是否异常？

宝宝的排便出现哪些情况是异常现象呢？你要注意，初生婴儿的胎便如果在24小时内未排出，或是有容易腹胀、大便久久才大一次的情形，就要请医生确认是否为巨结肠症；如果宝宝黄疸迟迟不退，大便呈灰白色，就要小心是否是胆道闭锁。

1. 腹泻时要防止宝宝脱水

在前面的文章中我们有提到，你喂宝宝喝的食物会影响他排便的次数和粪便的状态。如果宝宝大便的次数忽然增加，而且大便的稠密度变水状、变稀，就有可能是腹泻。宝宝发生腹泻状况时，要特别注意腹泻而引起的电解质不平衡、脱水及营养失调的现象，所以水分的补充很重要。

饮食方面，较大的宝宝可以稀饭、吐司、馒头、苹果泥为主，而喝母乳的宝宝则继续哺乳，喝配方乳的宝宝，可以先冲泡半奶❶，如果腹泻仍没有改善，你可以换成止泻奶粉（无乳糖奶粉），1~2周后再逐渐换回普通婴儿奶粉。

2. 宝宝便秘要先找出原因

除了腹泻外，便秘也是宝宝常见的排便问题之一。便秘是指大便的质地变硬，或是好几天才解一次大便。影响排便次数及硬度的因素很多，高脂、高蛋白饮食均会增加便秘的可能性。此外，水分及纤维质量不够，也会导致便秘。

---

❶ 所谓半奶是指冲泡时先把奶粉分量降低，如利用1/2或是2/3量的奶粉即可，降低浓度先试试看宝宝的反应。

所以，治疗便秘一定要先找出原因。宝宝最常见的便秘原因是肛裂，由于先前有过硬的大便，宝宝因为怕痛而忍住大便，形成恶性循环，最后大便在直肠内愈积愈多。

建议妈妈们可以多让宝宝喝喝水，或帮宝宝做一下腹部按摩，这会有所帮助。此外，某些只喝母乳的婴幼儿，由于消化完全、残渣较少，可能很多天才有一次大便，这是正常的状况，如果没有其他不舒服的症状，等到开始吃辅食以后就会改善了。平常要好好观察宝宝的大便颜色和状态，对照宝宝手册上的照片和资料，才能判断宝宝有没有生病喔！

3. 异常的大便排泄症状

（1）**灰白色的大便**。如果有这种情形发生，可能是肝炎或是更严重的胆道闭锁，要赶快到大医院请儿科医生做必要的检查才能尽快地找出病因，及早治疗。

（2）**水便**。如果婴儿的排便次数增多，而且粪便呈液状或糊状，即为腹泻的症状。腹泻所引起的症状包括发热、脱水、腹痛或腹胀等。

目前一般腹泻的主要治疗原则是以补充水分及电解质水，而不是单纯使用止泻药。因为止泻药并无法将体内的细菌或病毒消灭，如果没有大量的水分将细菌或病毒与大便一起排出，在体内的细菌或病毒就会继续繁殖，腹泻会继续发生。如果不小心细菌或病毒进入血液之中，还有可能会引发败血症。

（3）**血便**。发热的宝宝如果于粪便中出现了血水，则有可能是细菌性肠炎（沙门氏菌、痢疾等）在作祟，这类细菌感染所引起的血便大多会自行康复，如果严重的话，可由医生诊断后以抗生素做治疗。如果高热不退或血便情形依然持续出现，宝宝就须做大便检查及细菌培养以确定病源了。

（4）**大便颗粒状**。所谓"便秘"实际上是指小宝宝的粪便过硬不易排出，通常大便都呈现一颗颗的羊粪便状。如果有便秘的情况，可以顺时针按摩婴儿的腹部，每天定时用棉花棒在肛门口搔痒刺激排便。对小宝宝来说，如果轻易选择大人常用的灌肠药或泻剂来处理是非常危险的。

贴心小叮咛

宝宝正常的排便次数

小宝宝约1周大时，每天的排便次数为3~5次。而喝母乳的婴儿排便次数会较多，通常1天6~7次。如果排便次数减少而且变得困难，就称之为便秘，有不少学者习惯上将1周大便的次数少于3次称之为便秘。但是次数只是一个参考，要判断宝宝是否有便秘现象，还是要从大便的性质来判断，软硬度应该类似牙膏状为正常。

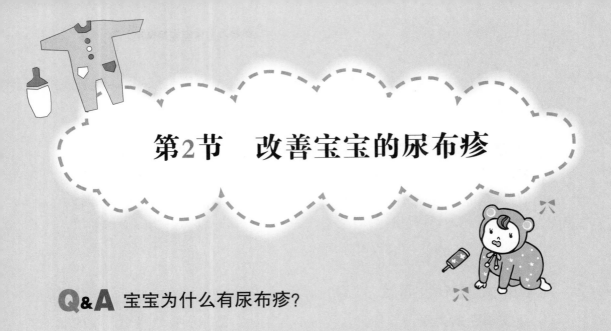

第2节 改善宝宝的尿布疹

Q&A 宝宝为什么有尿布疹?

你一定常常听到很多妈妈或是医生说到尿布疹,到底什么是尿布疹呢?简单地说,也就是在宝宝包尿布的位置出现红疹,统称为尿布疹,它是湿疹的一种,通常发生于宝宝屁股、两腿、腹部等包着尿布的地方,像是红屁股一样。

宝宝的皮肤对刺激性的物质特别敏感,常见的刺激物质包括清洁杀菌的药物,或是长期与皮肤接触的尿液与粪液等,如果经常处于被包裹而密不通风的潮湿环境下,最容易得尿布疹。在外观上宝宝最容易发生尿布疹的部位是在肛门周围的皮肤,以及宝宝包尿布的区域皮肤。

尿布疹是婴儿最常见的皮肤疾病,几乎所有的宝宝都曾有尿布疹的经历,而尿布疹只是这种皮肤病的简称。宝宝尿布疹程度从严重到轻微都有,但是就因为太常见了,常常被忽略、延误而导致发生更严重的疾病,大约有50%的婴儿罹患尿布疹,5%的婴儿会有严重的疹子。发生尿布疹的高峰期为宝宝7~12个月大时。

一、为什么宝宝的皮肤容易红肿呢？

宝宝皮肤相当脆弱，哪怕是一个轻微的摩擦或是不注意清洁，就很容易感染或是发炎，让皮肤又红又肿，最常见的就是尿布疹，尤其是炎热的夏天更容易引起喔，当然还有尿布的材质是不是适应等原因，都是造成尿布疹的原因。

二、皮肤炎和尿布疹的处理方法

新手妈妈们不要太过紧张，就像是成人一样，如果天气过于闷热，或是宝宝有便秘、腹泻的情形，都可能会导致皮肤炎、尿布疹等，下面我们一起讨论一下平常宝宝的照护和这些皮肤炎的护理，只要细心一点，就可以改善宝宝的症状。

1. 肛门周围的皮肤炎

肛门周围的皮肤炎较常见于喂配方乳的宝宝，这是因为喂配方乳的宝宝粪便中的碱性较高，会导致肌肤呈碱性，不容易抵抗细菌感染。

这样的状况最早会出现在出生后8周左右的宝宝身上，在肛门周围2厘米的区域内出现红色斑块，严重一点的，甚至会有浮肿、糜烂的情形，一般在7~8周之后会自动愈合，如果你的宝宝有这样的状况，只要在大便之后尽快帮他洗干净，然后在肛门四周涂抹润肤霜，慢慢就会改善了。

2. 尿布区接触性皮肤炎

造成包尿布的区块皮肤炎的原因有下列6点：

（1）皮肤和尿布摩擦：皮肤与尿布间互相摩擦，一般以大腿内侧、生殖器、臀部、腰带环状区域最早出现。

（2）角质层被水软化：因为包在尿布中的皮肤最外层的角质层浸水久了造成糜烂，皮肤呈现白皙软湿的现象，这个时候因为表皮过分吸水，特别容易在摩擦之后受伤，破坏表皮的防御功能，因而更容易被刺激物质伤害。

（3）尿液提高皮肤酸碱值：由于尿液中的氨会令皮肤酸碱值升高，提高粪便中蛋白分解作用而刺激皮肤，根据某些研究发现，喂食母乳的小孩比喂配方乳的小孩发生尿布疹的比率较低，这是因为母乳中含有较多会分解尿液中氨的细菌存在，让宝宝皮肤呈现碱性。

（4）粪便中的细菌酵素：宝宝的粪便里含有几种肠内细菌，会制造消化

酵素对皮肤产生刺激性。

（5）微生物造成感染：这里所谓的微生物主要是指白色念珠菌，在有尿布疹的小孩屁股上常会分离出白色念珠菌，目前的研究结果认为宝宝的屁股上应是先发生接触性皮肤炎的症状，才会让粪便中的念珠菌有机可乘。

（6）化学物质污染：如果妈妈用香皂、消毒药水、湿巾这些物品来清洁宝宝的小屁股，或是纸尿布上残留荧光剂，都可能造成尿布疹，还有残留在衣服上的洗衣粉，也是造成尿布疹的可能因素。

3. 预防尿布疹5个提示

（1）经常更换尿布以维持干燥，大部分的新生儿一天之内排尿次数会多于20次，到1岁时每天要排尿7次，所以要预防尿布疹的发生，做妈妈的你要记得常常检查宝宝小屁股是不是湿了。

（2）很多妈妈因为怕宝宝感冒而帮他穿太多，让宝宝流汗而产生尿布疹，最根本的方法就是不要让他穿太多，尽量选宽松、吸汗的衣服。

（3）皮肤比较干燥的宝宝每次换尿布时，最好可以轻轻地把小屁股擦干净，然后抹上薄薄的凡士林滋润，或是用滋润度高的润肤乳或是润肤油，帮宝宝的小屁股抹上一层保护膜，不过涂抹之前要确保宝宝的小屁股是不是干爽的，如果上面仍很潮湿或仍有粪便黏着，一定要先用水洗干净，等到干燥之后才能涂抹。

（4）尿布的选择也很重要，要选择吸收力佳的尿布，现在市面上有许多尿布加入了高分子吸收剂，解决了不少尿布吸收力不足的问题。不过，还是建议你，不要过度信赖这样的产品而疏于勤换尿布喔！

（5）如果使用一般布尿布，要特别注意清洗的过程，最好使用没有添加生化去污成分的洗衣粉，冲洗时也要避免残留，还要彻底晒干或烘干。

三、如何帮宝宝换尿布

很多妈妈都会问，男生和女生的尿布，有什么不一样吗？其实男宝宝用的尿布会在前面加强吸收力，而女宝宝则是加强两腿间的部位。不过现在一般的尿布普遍吸收力都很强，已经没有这样的顾虑了，所以只要选择适合宝宝大小型号的尿布就可以了，一般尿布有分NB(新生儿)、S（小号）、M（中号）、L（大号）等，不过每个厂家的规格都略有区别，而且宝宝长大的速度也很快，很多妈妈会趁打折大量抢购，要小心购买太多反而造成浪费。

至于品牌选择上，因为现在市售的尿布都做得很好，所以大都不会有适应上的问题，不过还是有少数的宝宝会比较适应或是习惯某一种牌子，所以准妈妈们还是要注意观察宝宝适应的状况来选购。

贴心小叮咛

对付尿布疹的小步骤

每天帮宝宝洗澡时，可以在水中添加少许的沐浴油冲洗，或是选择特殊的护肤皂清洗湿润皮肤。如果尿布疹很严重，最好一天洗2次屁股。很多老人会给宝宝使用普通的爽身粉（痱子粉）或是清凉的药品（薄荷万金油等），对已经发炎的小屁股来说太刺激了，最好不要用，如果需要爽身粉最好是使用宝宝专用的，比较温和。

1. 布尿布与纸尿裤的选择

布尿布好还是纸尿布好？这个问题见仁见智。基本上，根据你自己的需求及喜好来选择就可以了。对于没有时间清理尿布的职业妇女，选择纸尿裤会比较适合你，所以现在大多数的妈妈都会选用比较方便的纸尿裤。

如何选择纸尿裤呢？市面上的纸尿裤形式有很多种，每个品牌所标示的内容又大同小异，你如何选择最合适的纸尿裤呢？

（1）注意腰围、腿围的标示：很多纸尿裤的包装上都会特别标示腰围的部分是否加宽，或是腿部的部分是否有伸缩功能等，这些都要特别注意。

（2）选择轻柔、透气性好的材质：宝宝每天包尿布的时间相当长，所以要选择透气性佳以及触感轻柔的材质。一般说来，棉质的材质透气性及接触到肌肤的感觉都比塑料材质的要好。

（3）尿布的吸水性要强：尿布的吸水性要好，才能让宝宝的小屁股一直保持干爽，也比较不容易得尿布疹。有一些品牌的尿布上还会有尿湿显示，会随着图案的变化，随时提醒你该替宝宝换尿片了，很方便吧！

布尿布与纸尿裤优缺点比较

项目	布尿布（非用过即丢）	纸尿裤（用过即丢）
优点	• 环保 • 可重复使用，较省钱	• 不用洗也不用漂白 • 吸收力强 • 可以随手丢弃
缺点	• 要花时间清洗 • 容易造成尿布疹	• 不环保，增加垃圾量 • 用量大、花费较多

2. 帮女宝宝更换尿布要注意

当女宝宝大便后，你要由前往后擦掉大便，以免将粪便中的细菌带到阴道口，引起发炎。此外，在出生后的几天里，女宝宝的阴道会流出一点点血或是液体，这是正常现象，她在适应出生后激素的变化，不用太过紧张。

3. 帮男宝宝更换尿布要注意

帮男宝宝换尿布时，一定要注意清洁阴囊和大腿间的缝隙，阴囊下面也要记得擦，假如宝宝没有割包皮，不要拉开他的包皮清理，这样容易松弛。

4. 帮宝宝换尿布的方法

很多新手父母都会问到底要多久换一次尿布，这是没有标准答案的，只要尿布湿了就必须马上换掉。一般说来，宝宝在白天大约每2小时就需要换1次尿布，晚上可能时间会久一些，最好的时机通常是在喂完奶之后，因为宝宝在吃饱了放松的状态下，很容易就会尿尿，或是边吃边尿。

怎样帮宝宝换尿布呢？换尿布的确是需要技巧的，尤其宝宝尿布一湿就哇哇大哭，很多妈妈都会手忙脚乱，换太慢宝宝可能会着凉感冒！可以请有经验的人教你，然后再多加练习，放心，很快就会上手的。

换尿布的目的是要尽可能保持宝宝干爽和舒适，而且动作要迅速，所以在你开始动手之前，先把用具准备好吧。

5. 帮宝宝换尿布前先准备

（1）准备换尿布用的垫子，垫子可以避免弄脏床单，还可以让宝宝保暖。

（2）先把干净的尿布准备在一旁。

（3）备好尿布疹软膏或凡士林、乳液等滋润皮肤的保养品。

（4）准备好柔软的毛巾、一小盆温水等，用以清洁宝宝的小屁股。

6. 教你轻松换纸尿裤的4个步骤

Step1. 调整纸尿裤

先把准备好的新的纸尿裤撑开，记得要将大腿内侧的内里展开立起来，这样可以防止宝宝的便便从空隙中掉出来。

Step2. 垫上新尿裤

解开宝宝的脏纸尿裤之前，先把调整好的新纸尿裤先垫在底下，因为有时候当你在抽走脏纸尿裤的同时，宝宝可能同时会尿出来，所以先把新纸尿裤垫在底下可以预防类似的突发情况。

Step3. 清洁小屁股

将宝宝的腿轻轻地抬起，用毛巾沾温水将他的屁股擦干净，然后轻轻地将屁股拍干。要注意擦的方向要由前向后，这样可以防止细菌进入尿道。

Step4. 固定纸尿裤位置

先保留好适当的空间，再固定纸尿裤，宽度以宝宝的腰部可容下1指宽的空隙，左右对称地固定好。要注意大腿内侧的内衬有没有拉好，会不会太松、太紧。

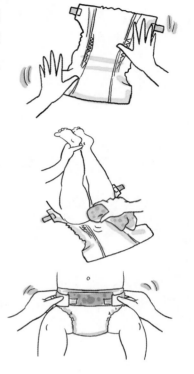

7. 清洗布尿布的步骤

包布尿布的方法和纸尿布基本上是大同小异的，诀窍是在尿布一定要平贴背部，在肚子上则要保留一指的空隙，才可以避免湿软的便便从尿布中渗出来。不过布尿布清洁相当重要，如果清洁度不够，会让宝宝的皮肤出问题。

（1）冲掉粪便。把换下来的尿布尽快拿到马桶上去处理，按下冲水时顺便将便便抖一抖，让粪便冲掉。

（2）用洗衣粉浸泡。把沾有便便及尿尿的尿布分开来处理，用溶解有洗衣粉的小桶子先浸泡脏尿布，这样可以使污垢更容易清理。

（3）放入洗衣机清洗。当脏尿布已累积到一定的量时，可将浸泡过的尿布放入洗衣机清洗，可以再加上少许的衣物柔软剂，但是记得最后一定要用水充分地将洗剂冲干净，以免化学洗剂刺激宝宝细嫩的皮肤。

（4）清洗后干燥蓬松。多晒太阳可以去除异味，所以晾干或是用烘干机彻底干燥都可以，一定要避免半干不干的状况。在尿布晒干或烘干后，可以用蒸汽熨斗熨一熨，会让尿布变得更膨松，也会让宝宝穿起来更舒服，吸水率更好。

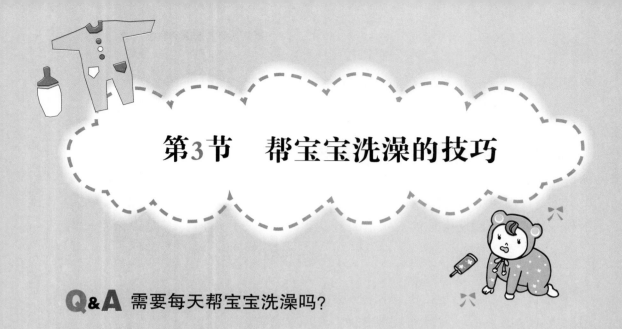

第3节　帮宝宝洗澡的技巧

Q&A 需要每天帮宝宝洗澡吗?

　　许多父母习惯天天给宝宝洗澡,基本上如果是4个月以前的宝宝是不需要每天洗澡的,大约1周3次就可以了,不过如果是夏天,因为宝宝常会出汗,所以洗澡次数可以增加。

　　如果没有洗澡,也要记得每天一定要清洁脸、手、脚和屁股。等到宝宝开始吃固体食物时,就要开始每天洗澡了,洗澡之后要记得最重要的是要擦干宝宝身上的水分喔! 以免宝宝感冒了。

帮宝宝洗澡可是一项大学问,尤其是对还不满1岁的宝宝来说,你一定要提高警觉,不管是蓄水的浴缸或是小浴盆、会烫人的热水、湿滑的地板、电器、含有毒性的清洁剂等,这些浴室常见配备,对宝宝来说都是非常容易发生危险的,尤其是新生儿宝宝身体和骨骼都还很软,抱的姿势也要特别小心喔!

一、帮宝宝洗澡有什么诀窍？

建议你要帮宝宝洗澡时，最好要选择一天当中气温较高的时候，这样宝宝不容易感冒，不要在宝宝刚吃饱就给他洗澡，防止宝宝出现溢奶和吐奶的情况。

一般来说刚生完宝宝的产妇不太可能独自帮婴儿洗澡，尤其是对新手妈妈而言，常常会手忙脚乱的，最好是让丈夫或是有经验的亲戚好友帮忙，一起快乐帮宝宝洗白白吧！

二、洗澡前需要先准备什么？

1. 备好用品

（1）浴盆。浴盆基本上没有太大的差别，不过要记得选择大小合适的浴盆，以免因为浴盆过大而让宝宝滑入盆中，可以在浴盆下垫上防滑垫以防止意外，减轻新手父母替宝宝洗澡的困扰。

（2）大浴巾、小毛巾。毛巾以纯棉材质的最好，太粗糙的容易刮伤宝宝的皮肤，棉质毛巾的吸水力也比较好。

（3）沐浴乳或婴儿皂。沐浴乳、婴儿皂或是柔湿巾等，以天然、温和、不刺激皮肤为原则，婴儿用品店都可以找到。

（4）换洗的衣物及纸尿裤。先把衣物放在一旁，以免洗澡后手忙脚乱，冬天操作时间长容易让宝宝感冒。

2. 8个步骤，教你轻松洗白白

Step1.

先要注意你自己的清洁喔，先把你的手洗干净，免得把微生物带给宝宝。

Step2.

记得帮宝宝洗澡的房间要很温暖，水温最好和体温差不多，38~40 ℃，可以用你的手先试一下水温。

Step3.

把换洗的衣服和尿布准备好，先摊开放在床上，洗完后可以马上帮宝宝穿上，以免受凉，一边脱去宝宝的衣服，一边可以用大毛巾先把宝宝包好。

Step4.

先用小毛巾帮宝宝洗脸，记得把眼睛、耳朵、嘴巴、鼻孔等都擦拭干净。

Step5.

用一只手把耳朵压住，避免进水，另一只手轻轻扶住宝宝的头、颈部，然后扶住他的大腿，慢慢将宝宝放入水中。

Step6.

先用温和的婴儿洗发精洗头发，用小毛巾轻柔擦洗即可，记得要冲干净喔，以免造成宝宝皮肤过敏。

Step7.

先在宝宝胸前轻轻拍水，让宝宝适应水温之后，再开始擦洗身体，清洗身体时，要特别注意背部、颈部、腋下、关节处、腹股沟、屁股的清洁等。

Step8.

洗完澡后，用大毛巾将宝宝擦干，并尽快帮宝宝包纸尿裤和穿上衣服，以免着凉。

贴心小叮咛

洗澡还是有危险性的喔！下面的注意事项，你一定要看清楚。

危险1：避免烫伤，先冷后热

洗澡最容易造成宝宝两种致命的危险，那就是烫伤与溺水。由于宝宝的皮肤比较细致柔软，只要以60℃的热水短短冲上3秒钟，就可能造成三级烫伤。最好养成先放冷水、再放热水的好习惯，才能避免宝宝烫伤的危险。在关闭水龙头时候，也要先关热水、再关冷水。将宝宝放入浴缸时，你一定要先试试水温，并把冷热水搅匀。

危险2：避免溺水，宝宝不离身

即使浴缸里只有少许的水，都有可能造成溺水的悲剧，所以绝对不可以把宝宝单独留在浴室，或是交给他的小哥哥、小姐姐照顾。假如非得离开浴室，就一定要把宝宝带在身边。

此外，要小心任何有水的池子或水槽，因为只要6厘米深的水，就可能使宝宝溺水。上完厕所后最好随手把马桶盖盖上，水桶也都应该加盖。

危险3：小心湿滑，注意浴缸和地板

湿的浴缸或是地砖会变得很滑，不管是宝宝自己走动，或是你抱着宝宝，只要一不小心，就有可能滑倒。建议你最好在浴室的地砖或浴缸的底部，铺上防滑垫或防滑毯，一有积水就要马上擦干，让地板保持干燥。

危险4：安全重要，避免触电和中毒

建议你在通电插座不用时，最好都以安全盖封好，还有浴室里常用的吹风机，最好拔掉插头，并放在小朋友不容易拿到的地方。

浴室里所有的清洁用品最好都收起来，或是摆在宝宝拿不到的地方，因为这些产品多半都含有毒性，如果宝宝不小心误食，或是接触到眼睛，危险性极高。

3. 帮女宝宝洗澡的要点

（1）由前往后洗。由于生理构造的关系，所以建议你在帮女宝宝洗澡时，屁股部位一定要坚持"由前往后"的原则。从尿道口开始清洗到阴道口、肛门，这样的顺序可以降低细菌感染的机会。因为0~3岁的女宝宝雌激素的分

泌较少，阴道的上皮较薄，分泌物呈碱性，所以自然防御力比较弱，注意清洗时的顺序可以避免感染，降低阴道发炎的概率。

（2）少用肥皂清洗。对于一天要尿尿、便便很多次的宝宝来说，你也许会担心到底清洁得干不干净？其实，只要在更换尿布的时候，用婴儿湿纸巾或是清水把宝宝的尿渍及便便擦干净就可以了。

洗澡的时候要使用温和、天然的弱酸性婴儿专用皂或沐浴露由前往后的将女宝宝的屁股清洗干净，不过记得不用每次尿尿、便便都用沐浴露清洗，这样反而会造成宝宝的负担。

4. 帮男宝宝洗澡的要点

（1）轻轻翻洗包皮。对于男宝宝来说，最难清理的应该就是阴茎了。刚出生的男宝宝，由于包皮紧覆在龟头上，所以清洗起来还算简单，把露在外面的部分轻轻洗干净就可以了。但随着宝宝渐渐长大，包皮往后退而露出龟头时，很多妈妈都会疑惑到底该不该把包皮翻开来清洗？其实，大部分的男宝宝在2岁之前，包皮和龟头不会完全分开，如果你特意翻开包皮清洗，或不小心动作太大，或宝宝乱动，都有可能会伤到宝宝，等到宝宝大一些，包皮和龟头分开之后，你可以偶尔翻开包皮清洗一下就好。

（2）小心清洁皱褶。由于男宝宝和女宝宝的构造不同，所以男宝宝没有由前往后的清洗原则，但你要多注意男宝宝的皮肤皱褶处。平时宝宝尿尿或大便后要用婴儿湿巾或清水洗干净，洗澡的时候要用棉花特别擦洗大腿根部、外阴部的皮肤皱褶，另外，对待男宝宝的睾丸一定要动作轻柔喔！

5. 帮宝宝洗澡，小地方更要注意

（1）脐带的清洗。很多妈妈都会问宝宝的肚脐可以洗吗？宝宝一出生后脐带就会立即被剪断，只留下5~8厘米的根部，过了几天，脐带就会自然干枯脱

落。你不用等到宝宝脐带脱落痊愈后才帮宝宝洗澡，只要洗澡后让它保持干燥就好了，如果有发红、液体流出或是其他感染的症状，一定要尽快请医生处理。

在正常的照顾下，脐带在宝宝出生后7~10天会自然干燥及脱落。刚脱落的肚脐，有时候会渗出些血水，因此需要特别的处理。另外，不管脐带是否已脱落，肚脐的清理一定要注意。

帮宝宝洗澡时，肚脐部位一样需要清洗，也可以适度地使用婴儿皂，而且要深入到底（白色部位、而非黑硬的干脐带）。有些妈妈问，碰宝宝的脐带，他会不会痛？你可以放心的清理，宝宝不会疼痛的。

记住在清洗完毕后，水分要以棉花棒擦拭干净，肚脐干燥比较容易脱落，也不易滋生细菌。等到脐带脱落后，清洗的步骤也是一样，重点在于注意保持脐处的干燥，如果肚脐潮湿的话，就很容易藏污纳垢而发炎，千万不要硬扯还没有脱落的干脐带，否则会让宝宝受伤流血。

（2）头发的清洗。如果是刚出生的宝宝，为了防止头皮上的皮脂堆积，你可以用软毛刷和少量的婴儿洗发精帮宝宝洗发，然后再用湿毛巾慢慢地把洗发精洗掉。等到宝宝长到12~16周后，就可以每天用水帮宝宝洗头发了，每个星期只要用一两次洗发精就可以了。

（3）眼睛的清洗。帮宝宝清洗眼睛的时候，可以先用小纱布沾一些温水，挤干水分后轻轻地由内眼角向外眼角擦洗，记住，每擦一只眼睛都要换一个新的小纱布。

（4）鼻子和耳朵的清洗。鼻子和耳朵是具有自净能力的器官，用棉花棒在鼻孔里或是耳朵里清理只会把脏东西推到更里面，所以，让分泌物自然掉出来是最好的方式。其实耳垢是外耳道里保护皮肤的天然分泌物，具有抗菌的功效，还能防止灰尘和细小的砂石进入内耳，有的婴儿耳垢比别的婴儿多，但是一再的掏耳垢只会让耳朵分泌出更多的耳垢，而且容易让耳朵发炎，所以建议你最好不要随便帮宝宝掏耳垢。如果你真的担心宝宝的耳朵或鼻子太脏，可以请教医生后，用湿棉花或纱布擦拭一下即可。

（5）指甲的清理。在宝宝还没满月的时候，不用帮他剪指甲。帮宝宝剪指甲最好的时机就是刚洗完澡的时候，因为这个时候的指甲最软、最容易剪。如果害怕宝宝乱动，也可以趁他睡着的时候再剪，准备一把钝的小剪刀，让宝宝平躺，然后轻柔地按照指尖的形状剪短指甲。

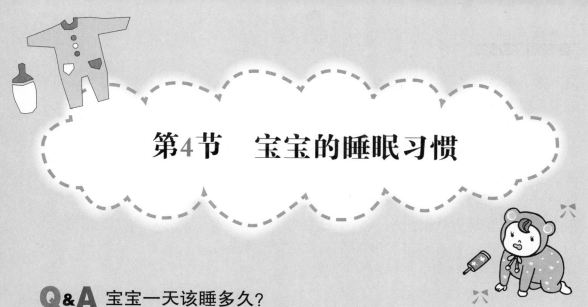

第4节 宝宝的睡眠习惯

Q&A 宝宝一天该睡多久?

宝宝一天到底该睡多久,其实并没有定律喔。一般来说, 6 个月以下的宝宝,一天可能会睡到13~15 个小时,新生儿甚至睡20个小时,但不是1次睡足,会分成3~4 次来睡,你会发现宝宝一天到晚醒醒睡睡的,让妈妈们根本没时间好好休息。大约有一半的宝宝在3 个月时,可以睡一整晚不会起来吵闹,这样的宝宝真的比较好带,其实试着在睡前适度喂饱宝宝,并且帮他换好尿布,尽可能让他舒服入睡。

睡眠对宝宝和你自己的健康都很重要,如果你想要知道宝宝到底需要多少睡眠才够?可以告诉你,每一个孩子需要的睡眠时间都不同,但只有一件事可以确定,没有充足的睡眠,宝宝的灵敏度就会降低,情绪也会不好。

一、宝宝真的睡越多越快长大吗？

老一辈的人常说"一眠大一寸"，由此可见大家对于成长中孩子的睡眠有多重视。其实虽然这是传统观念，不过的确宝宝在睡眠时，内分泌会比较旺盛，自然可以帮助身体和脑力的成长，所以宝宝的确是越睡成长越快。但是由于现代生活方式的改变，父母的作息和管教，都可能会影响小宝宝的睡眠时间和状态，还有许多父母担心宝宝睡觉的姿势是不是安全，室温是不是刚好等。

二、让宝宝睡得既舒服又安全

除了睡眠的时间外，有许多妈妈也会问，到底宝宝要怎么睡？用什么姿势、用那种床垫、要盖什么被子才会比较好？要帮他翻身吗？侧睡会窒息吗？林林总总的问题，其实都要视乎你的环境及能力而做调整，但是有几项原则是一定要注意的：

（1）在宝宝的小床上铺上适合的垫子、视气温的高低调整被子的厚度：宝宝1岁以前，最好不要给他睡鸭绒垫子和羊毛垫子，因为这些新生儿宝宝体温比较高，这些材质的寝具对他来说都太热了。

（2）注意宝宝姿势，仰睡最安全：把宝宝放在床上睡觉时，可轻轻地帮他把脚放平，这样可以防止宝宝踢高棉被，将头部盖住。另外，6个月以内的宝宝，一定要保持仰睡的睡姿，这样可以降低宝宝发生窒息的危险，等到过了6个月，宝宝则可以依他喜欢的睡姿来睡觉。

（3）维持适当的温度：一般来说，宝宝卧房的室温要维持在24~26℃，夜晚不要让他太热或太冷，而且不要在家里抽烟。要怎么确定宝宝晚上睡觉够暖和呢？假如宝宝很会踢被，你可以多盖一些，不然可以让他穿厚一点的睡衣或长袍，假如天气真的很冷，可以再给宝宝加穿双袜子，羊毛衣也可以。让宝宝穿这些衣物时要留意扣子、带子或脱落的线，因为这些都可能有潜在危险。如果宝宝长到4个月以后，你可以考虑让他睡睡袋，既保暖又可以让小脚自由踢动，也不会有被子被踢掉的困扰。

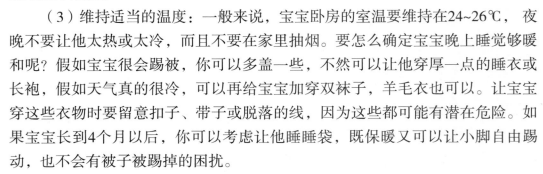

1. 让宝宝不会踢被子的技巧

人在熟睡以后，大脑皮质处于抑制状态，人体会暂时失去对外界刺激产生反应的能力，所以，在这个时候，外界的轻微刺激（如谈话、开门、走动等声响）都不会传入大脑，这是为了让整个身心在睡眠时可以达到完全休息的机制。但如果在没有完全睡熟或快要睡醒时，大脑皮质就会处于一种局部的抑制状态，某些部分仍然保持兴奋，只要外界有一点刺激，大脑便会产生反应，就像有些白天玩得太过兴奋的宝宝晚上会难于入睡，也容易醒。另外，被子盖得太厚或衣服穿得太多、睡眠姿势不佳、患有疾病等，也会导致有踢被子的状况，所以，某种程度上来说，踢被子也表示宝宝睡得不安稳。

2. 防止婴儿踢被的4个小提示

（1）尽量睡前不要逗宝宝、不要吓到宝宝，也不要让宝宝白天玩得太疯，不然晚上睡觉时，大脑皮质还会处于兴奋状态，就会踢被子。

（2）睡觉时被子不要太厚、衣服不能穿太多，选择舒服、宽松的衣物为宜，也不用穿很多衣服来代替盖被子。

（3）让宝宝从小养成良好的睡觉姿势，不要让宝宝把头蒙在被子里，这样会使呼吸不顺畅，手也不要放在胸前，以免压迫胸腔而影响呼吸。

（4）蛲虫也是引起宝宝踢被、睡觉睡不安稳的原因喔，如果发现你家宝宝有得蛲虫病的症状时，一定要立刻带去给医生治疗。

3. 让宝宝晚上睡久一点的技巧

让宝宝晚上睡久一点，妈妈也可以达到休息的目的。尤其现在大多是双薪家庭，休完产假后马上投入职场的妈妈也大有人在，因此，休息对妈妈来说更显得重要了。

（1）白天尽量让宝宝外出呼吸新鲜空气。得到适当刺激后，晚上他自然会疲累想睡觉。其实，人是有惯性的动物，**你可以让宝宝从在摇篮或是推车里睡，慢慢调整成只到床上睡，最后让他以为睡觉一定要在小床上，培养宝宝的习惯、规律性。**另外，也要让宝宝习惯在醒着的时候就自己躺在小床上，不需要人陪，自己入睡。

（2）不要和他一起睡。最晚在宝宝6个月大的时候，就不要再让他和你一起睡了。原因有两个：第一，宝宝开始长大，活动力也愈来愈强，晚上睡觉翻来翻去，一不小心就会摔下床去。第二，宝宝不但需要多一点的空间，和你同眠也容易干扰你睡眠。所以，最好开始让宝宝学习着自己睡觉，通常宝宝出生就和妈妈一起睡觉的时间愈长，要自己睡就愈困难。

（3）如果宝宝半夜哭闹，**也不要马上去抱他**。尤其是6个月以后的宝宝，晚上有短暂的哭泣是很正常的，但如果他哭个不停，这时你只要陪着宝宝，让他安心，或是轻轻地拍拍他，跟他说说话，就离开房间，千万不要觉得可怜又去抱他，这样会让宝宝觉得只要哭你就会就范，会很难养成他自己睡觉的习惯。

（4）**白天减少睡眠**。随着宝宝一天天长大，他的睡眠时间也会愈来愈集中，假如你家的宝宝白天睡不停，晚上眼睛亮晶晶，那怎么办呢？建议你可以缩短宝宝在白天的睡觉时间，这样晚上他就会感到疲累，自然就会乖乖睡觉了。至于要如何缩短宝宝白天睡觉的时间，你可以在白天宝宝想睡时，让他喝水、摇醒他，或是可以在他白天睡最久的那一觉前一餐，让他吃少一点，他就可能会因为肚子饿，而不会睡那么久了。另外，白天睡觉时，不要让他睡小床，可以在房间的地上铺一条毯子，让他睡在毯子上，这样也可以缩短睡眠时间。

（5）**给宝宝一个安抚物**。不少宝宝的确会对某种特定物品产生依赖，所以，当宝宝不想睡觉时，可以给他一个他喜欢的玩具或物品陪伴他，在安心的状态下比较容易入眠，但要确定这些物品的安全，最好是不会发出声响的，像是毯子或是布熊都可以。假如能力所及的话，建议你可以准备两个一模一样的东西，防止万一有一个丢失或损坏，还有另一个可以应急，如果是用玩具当宝宝的安抚物，一定要确定上面的缎带或装饰已经剪掉或缝死了，避免宝宝误食的危险。

（6）**帮宝宝按摩**。进行婴儿水疗，也是让宝宝带着舒服、愉快的心情顺利进入梦乡的好方法。透过按摩，可以提供宝宝触觉的刺激，透过按摩能增加宝宝触觉的安全感，日后在帮宝宝洗脸或剪发等接触性动作时，宝宝的接受度会比较高。

按摩也是让你和宝宝亲近的一种方式，而且按摩花的时间不用太多，只要拨出20分钟帮宝宝按摩，就可以达到高质量亲子互动的要求。

三、按摩对宝宝具有神奇魔力

　　按摩对宝宝的身心会有很大的助益，另外，在按摩不同的部位及按摩的过程中，你也可以借机观察宝宝有没有异常情况：

　　（1）促进肠胃蠕动：如果宝宝有便秘的问题，腹部按摩可减轻宝宝的不舒服感觉，并可以促进宝宝的肠道蠕动，减少便秘。

　　（2）促进感觉动作的发展：新生儿宝宝会有反射性的动作，经过几个月后，自主性的动作会逐渐出现。按摩宝宝的手脚可促进宝宝感觉动作的发展，促使宝宝反射动作早点消失，自主性的动作会较为灵活。

　　（3）增加皮肤抵抗力：按摩时可以增进血液循环，让皮肤更健康。还可以及早发现宝宝的异常现象：帮宝宝按摩时可仔细观察宝宝，跟他说话，看看宝宝会不会有反应。如果宝宝不会看大人，可能是自闭症的征兆；如果宝宝对大人说话、唱歌的声音没反应，可能是有听觉方面的障碍；如果宝宝看大人的眼神怪怪的，则有可能是斜视，斜视若不及早矫正，可能会演变成弱视，及早发现宝宝的异常现象，可及早做治疗。

　　（4）有助稳定情绪：对于爱哭闹、日夜颠倒的宝宝，按摩可以让宝宝的情绪比较稳定。日夜颠倒的宝宝最让人头痛了，建议妈妈可以利用白天宝宝清醒的时间帮他按摩，晚上他就会比较好睡。

1. 帮宝宝按摩前的准备

　　由于宝宝的身体非常柔软，最好在事前有充分的准备，才能让宝宝在舒适、安全的状态下接受按摩。

　　（1）温暖的房间：帮宝宝按摩的房间一定要保持温暖，否则20分钟的按摩就有可能会让宝宝着凉、感冒。

　　（2）舒服的床：可将宝宝平常用的大浴巾垫在床上。

　　（3）温和的按摩油：在宝宝身上抹上些许按摩油，让按摩的滑动更顺畅，按摩的效果会更好，可使用婴儿油或是天然成分的乳液。

　　（4）按摩者的清洁：替宝宝按摩的人，指甲一定要剪短，手上的饰品也要脱下，否则在按摩过程中会伤到宝宝的皮肤。你如果留了长头发，要记得将头发扎起来，以免在按摩过程中头发碰触到宝宝。在进行按摩前要先把手洗干净，将袖子卷高。

2. 帮宝宝做按摩

（1）腹部按摩。用一只手四指相并，轻轻放在宝宝的腹部。顺时针以指腹在宝宝的肚脐周围轻柔地画圆圈按摩。

（2）胸部按摩。双手放松，并排轻放在宝宝的胸前，由胸前向外、向上滑行抚摸至肩膀处，然后再回到胸前，像画一个大圈圈一样。

（3）手臂按摩。将宝宝的手臂抬高伸长，与肩膀同高，用双手分别握住宝宝的上臂，然后拉滑至手部。

（4）腿部按摩。双手分别握住宝宝大腿正面的根部位置，向腿后方、下方揉转至膝盖背面，然后接着轻轻揉捏小腿，到脚踝处为止。

（5）脚部按摩。双手张开，分别盖在宝宝的脚背与脚掌处，作交替搓揉按摩状。

（6）背部按摩。双手五指并拢并凹成杯状，用手腕以下的力量，从宝宝的上背部开始，向下至尾椎处，使用快速但轻柔的拍打。

新生儿的身体机能和照护环境

宝宝和成人不同，因为器官、身体机能都还没发育完成，所以听觉、视觉、体温等都和我们不一样，要了解新生儿宝宝的特点，才能更好地爱他和照顾他喔！

室内的温度

注意保持室内温度恒温，调整宝宝最适合温度

宝宝房间里的温度以25~28℃最舒服，记得随时保持湿度，避免宝宝脱水。

室内的声音

避免过大的噪声惊吓宝宝，但适当的声音不必刻意避免

婴儿房要注意保持整洁和安静，不过也不必因此刻意避掉所有的声音，适当的声音可以让宝宝适应和发展听觉。

室内的光线

婴儿房的光线不可太亮，黄光较为柔和温暖

因为除了哺乳时间之外，大部分时间宝宝都在睡觉，所以婴儿房的光线应该以柔和的黄光为佳。

睡眠

一天到晚睡觉的宝宝，侧睡比趴睡安全

新生儿大约每天有20个小时都在睡觉，医生通常会建议妈妈不要让宝宝趴睡，以免猝死，如果怕头形不好看，可以让宝宝左右轮流侧睡。

体温

出生大约1个月的婴儿，体温为36~39℃

出生大约1个月的婴儿，体温为36~39℃，宝宝这时候还无法维持生理的恒温，所以容易随着外界的变化改变，如果体温低于36℃或是高于38℃就要小心是不是败血症或是脑膜炎喔，赶快带宝宝回医院复诊。

衣服

又柔又软的纯棉，是最适合的材质

对于宝宝衣服的选择，应该要以轻柔、温暖而不会褪色为挑选原则，最好选棉制品，因为它柔软又吸汗，还要特别注意松紧度要刚好，以免妨碍宝宝活动。

呼吸

宝宝的呼吸又浅又快，要特别注意喘鸣频率

宝宝因为每次呼气、吸气量都很小，不能满足身体对氧气的需要，所以呼吸较浅、较快，每分钟达到40~50次是正常现象。但是如果呼吸时有喘鸣声，次数异常增加，或是胸骨凹陷、鼻翼扇动，都是异常现象喔！应该请小儿科医生确认或是诊治。如果你发现宝宝有面色发紫症状，一定要立刻带宝宝就诊。

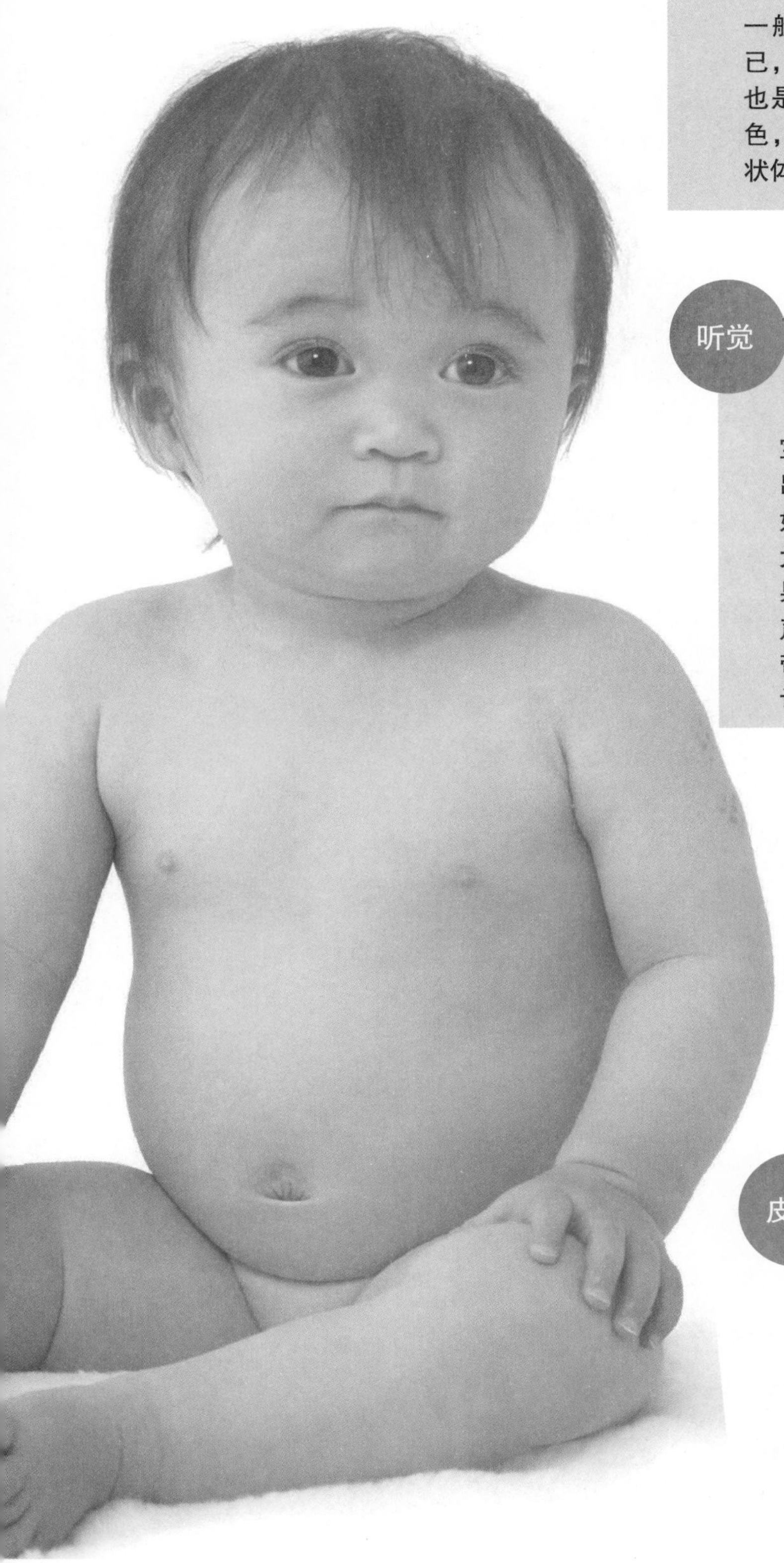

视力

**宝宝的视力弱又色盲，
看不清楚爸爸和妈妈喔**

一般认为新生儿的视力是0.04左右而已，也就是说他们根本看不清楚，同时也是色盲，只能分辨黑、白、红3种颜色，要到3~4个月后，神经、血管和晶状体、视网膜等才会开始发育。

听觉

**新生儿从小就有听力，
爸妈可以多和他说说话**

宝宝在子宫内就开始有听觉了，所以出生后就能清楚地听到声音，辨认妈妈的声音，不过他还无法分辨方位，大约要等到4个月才能逐渐判别，如果有拍手或大力关门等声音，他会被声音吓到。所以3~4个月左右就可以带宝宝到医院做听力和视力检查，确认有没有问题！

脉搏

**宝宝的脉搏频率
比成人快**

宝宝的脉搏频率比成人快一些，为每分钟120~160次。

皮肤

**宝宝的黄疸现象，
如果颜色越来越深要特别小心**

出生2~3天的宝宝皮肤会变黄，这是正常的黄疸现象，7~10天之后，黄疸就会逐渐减退和消失。不过如果在生后24小时以内皮肤就开始发黄，而且颜色越来越深，或是14天后黄疸还没有消退，就要到医院治疗。

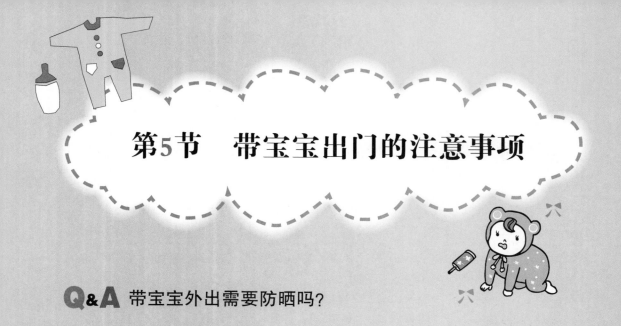

第5节　带宝宝出门的注意事项

Q&A 带宝宝外出需要防晒吗？

坐月子坐了那么久，妈妈们一定会想带宝宝出去见见亲戚朋友，炫耀一下，至于要不要防晒，这个答案是必要的喔，尤其是在亚热带的地区，太阳和紫外线很毒辣，宝宝皮肤又细嫩、体温调节中枢又尚未发育完全，很快就会因为太热、脱水而晒伤。而且，紫外线是会在皮肤中不断累积的，不防晒可是会增加罹患皮肤癌的概率喔！关于这一点，爸妈们千万要小心。

很多妈妈都害怕防晒乳会伤害宝宝细嫩的肌肤，也很担心是否要卸妆的问题，其实现在市面上也有宝宝专用的防晒乳，成分较温和，可以防止紫外线的伤害，只要用清水洗干净就可以了，较为安全。

一、怎样帮宝宝做好防晒保护呢？

保护宝宝皮肤的第一步就是避免暴露在阳光下，6个月以下的宝宝最好避免晒太阳，当太阳光线最强时，大约是上午10点到下午4点，尽量不要在这个时候带宝宝出门，如果一定要外出，也要缩短时间。此外，地势比较高的地方、水边、光比较强的地方，要避免带宝宝前往。

1. 要做合适的防晒保护

建议妈妈们，如果要带宝宝出门的话，最好在婴儿车或推车上加一个遮阳篷，帮宝宝穿薄长袖的棉质衣服，避免皮肤直接暴晒，不过要注意，太薄的衣服，紫外线还是会穿透，现在市面上有一些含有防晒功能的衣物，可以参考看看。另外，还要帮宝宝戴上有宽边的帽子防晒，最好是把脸和脖子一起遮住，如果天气真的很热，要注意保护宝宝的手臂和腿部不被晒伤，露在衣服外面的皮肤最好擦上防晒乳液，不过防晒乳液的选择，也不可以马虎喔。

2. 防晒乳的选择及涂抹重点

（1）防晒系数要太高。为宝宝选择防晒乳液时，要选有同时可预防长波紫外线（UVA）及中波紫外线（UVB）伤害的，最好是不含香精、防晒系数低于15的，因为防晒系数太高，可能会造成宝宝皮肤的刺激敏感。

（2）质地和内容物越温和越好，最好有品牌的保证才更好。

（3）有一点要特别提醒你的是，帮宝宝擦防晒乳液时，要注意不要擦到眼睛周围，以免宝宝揉眼睛时刺激到眼睛。外出时防晒乳液最好随身带着，每隔1~2小时，要记得再帮宝宝补擦防晒乳液。

二、要如何预防宝宝中暑？

由于长时间暴晒或是处于高温的环境下，会引起的体温调节功能运作失调的情况，一般称之为中暑。如果宝宝中暑的话，一定要马上把宝宝带到阴凉通风的地方，把宝宝身上的衣物解开，让他的身体降温，同时并补充水分，如果严重到失去意识，一定要边帮宝宝降温，一边尽快就医治疗。

在华南地区，夏季是属于高温且潮湿的，中暑的情形常常发生，加上宝宝的中枢调节系统还没发育完全，所以比较容易发生中暑。到底宝宝中暑会有什么症状？又该如何处理呢？

1. 宝宝中暑的症状

宝宝常见的中暑症状就是持续、反复的发热，有时出现易怒、哭个不停、过动、尿少、食欲不振的症状，或是出现多汗的情形。有很多妈妈为了怕宝宝感冒，大热天还给他喝热水、穿长袖、不吹冷气、围肚兜睡觉，甚至连西瓜、椰子、莲雾等水分比较多的水果都不准吃，其实这些都是造成宝宝中暑的原因。

有些宝宝由于体质的关系，本来就比较容易中暑，例如小胖妹、小胖弟比较容易中暑，因为体脂过高会使体热不容易散出，但如果你的宝宝不是属于胖胖一族，只要在夏天的时候，多帮他补充一些水分，穿着宽松清凉的衣服，或是常用湿毛巾擦身体，都有助于身体体温的调节与平衡。另外，多运动也可以防止中暑，因为运动的过程会让身体产生热，体内散热的机制会自然启动，包括血管扩张、出汗等反应会降低体温，所以常常运动的小孩身体的散热能力比较强，比较不容易中暑。

2. 宝宝中暑的紧急处理

如果宝宝轻微中暑，可以给他适度喝些生理食盐水，但不能过量饮水，尤其是热水，喝太多热水会使宝宝冒汗，反而会使身体里的水分和盐分流失更多。如果宝宝出现高热的现象，即体温达到38℃以上，就一定要快点找医生治疗。

夏天进出冷气房时，宝宝应该怎么穿呢？因为宝宝的新陈代谢机能旺盛，体温较一般成人高，而且本身对热的调节能力欠佳，原则上，在室外只要帮宝宝穿着透气的衣物，再准备一件薄外套，进到空调房里的时候，替宝宝加上外套就可以了，最好是有帽子的那种，可以避免宝宝的头部吹到冷气受凉。

华南地区的夏天燥热难耐，最舒服的事就是待在空调房里，但是宝宝抵抗力差，如果一不小心很容易就会感冒，室内温差这么大，你一定烦恼衣服该怎么穿。以下，提供几点原则给你参考：

（1）室内衣物以舒适、触感柔软为优先考虑。

（2）待在空调房内可以穿薄长袖及长裤。

（3）留意孩子真正的需求，适时增减衣物。

（4）室外衣服需视场所而定，如果在户外活动，当然还是要以清爽、舒适为原则；若参加公共场合的活动，吊带裤、洋装、牛仔装的打扮较正式，如果孩子比较容易出汗，外出时不妨多带件衣服，可以适度更换，保持身体的干爽，才不会受凉感冒。

3. 冷气房内要注意保湿

冷气房内的湿度较低，宝宝皮肤容易干燥，所以要特别注意湿度的调节，一般来说，相对湿度40％~60％是最适合宝宝的。如果要长时间待在冷气房内，你可以在房间里放一盆水增加湿度。另外，不要让室内外的温差过大，室温最好维持在24~26℃，以免宝宝在进进出出的时候会觉得不舒服；如果维持冷气房在一定温度时，宝宝就不需要特别多穿衣物，只要睡觉时盖一件薄被或毛巾被就可以了。

贴心小叮咛

什么时候该帮宝宝增减衣物？

（1）摸摸宝宝的脚，如果感觉冰冷，或是已经呈现紫色，就该加衣服了！

（2）把手伸进宝宝背后，感觉一下有没有热气，如果感觉潮潮的，就可以帮宝宝减少衣服了。

（3）晚上有时候温度较低，应该要帮宝宝多穿一点，睡觉时盖上薄被。如果你家的宝宝是过敏体质，那他很可能会因为温差，而有咳嗽及流鼻水的情形，所以你一定要控制好室内温度。

三、带宝宝坐车需要安全座椅吗？

如果你把宝宝抱在胸前或是让宝宝坐在你的大腿上，就算使用安全带或是背巾把你们绑在一起，还是很不安全。假如有意外，你很可能会压伤宝宝，而且少了阻挡，宝宝可能会被抛出车外。

除了法律的规定外，带宝宝坐车，准备安全座椅才能真正确保宝宝的安全，千万不能偷懒或是为了省钱而不购买。市面上的安全座椅款式相当多，要选择何种形式，你可以依各人的具体情况而定，不过一定要选择通过安全标准的商品。另外，选择安全座椅还有一个重点，要看看是否能安装在自己的车内，因为无论功能怎样好，如果无法稳固安装在车内的话，也是白白浪费钱。

安全座椅的5 种类型

项目	婴儿专用座椅	儿童安全座椅	小大人座椅	婴幼儿通用型安全座椅	幼儿、小大人通用型安全座椅
适用对象	新生儿至1岁	1~4 岁	4~12岁	新生儿至4岁	1~12岁
可承载身型	体重未达10千克、身高70厘米左右	体重9～18千克、身高65~100 厘米	体重15～36千克、身高135厘米以下	体重18千克以下	体重9~18千克
特点	有以面朝后方式的椅型和躺椅型	颈部可以完全挺直，宝宝可以坐起来时使用	只有垫在臀部下方的简单形式，身体用车上的安全带固定	婴儿期可使用专用靠垫、幼儿期则取下靠垫，可长期使用	椅背和座面可以分离，等宝宝长大后，则可取下椅背，当小大人的座椅使用

　　如果宝宝的耳朵已经超过安全椅椅背高度，就必须要换大一点的座椅或是垫高座垫了。有些妈妈为了把宝宝放在视线内，开车的时候会把安全座椅放在较危险的前座，其实这样是很危险的，因为如果不小心安全气囊爆出的话，很可能会伤到宝宝，目前已经有很多因为安全气囊爆出而让宝宝丧命的例子，千万要注意，如果真的不得不固定于前座时，一定要把前座安全气囊关闭，然后将车座尽可能向后移。

安全座椅的选购

　　（1）验明合格标志：标示有质检部门检验合格的标志。

　　（2）父母带着孩子一起试坐看看：选择时最好带孩子亲自去试坐最好，选坐起来会比较舒适和习惯的座椅。

　　（3）请按照每个孩子不同的年龄、身高、体重，选择合适的安全座椅。

　　（4）随孩子的成长而更换：千万不要为了省钱，长期使用同一副安全座椅，就算只是超过1厘米或1千克，乘坐不合标准的安全座椅对孩子来说，都是不安全的。

　　（5）详读说明书：选购安全座椅时应向店家询问正确的使用方式，详细了解安全座椅正确的使用方式，以确保安全性，最好能在购买前实际安装一次，以确定可以安装在车上。

（6）如果安全座椅曾受到车祸撞击时就应立刻更换：或许从椅子外表看不出座椅有毁损和瑕疵，但是座椅的内部结构会因为车祸的撞击力道而降低保护功能。

四、带宝宝出门该准备什么?

从需求来看，要带的东西当然是越齐全越好，这也是你常见到很多爸妈大包小包的原因，不过要带多少要看你会出去多久而定。你可能还要准备食物和饮料，以及可以逗弄他的玩具或物品，假如宝宝会晕车，那么你还要准备塑料袋、纸巾和换洗的衣物。

宝宝在满月的健康检查之后，就可以开始带他出门去接触户外空气，而当宝宝满2个月之后，可以每天带他去散步，当宝宝满周岁，这时你就可以带他享受真正的户外活动了，不过你一定会烦恼，希望帮宝宝带齐要用的东西，又不想提了一袋又一袋，搞得狼狈兮兮地影响出游的好心情？这里提供几项宝宝出游必备物品，供你准备时的参考。

1. 关于宝宝外出"吃"的问题

（1）为喝母乳的宝宝准备：溢乳垫、哺乳衣、母乳冷冻袋、冷热敷垫、奶瓶等。外出时穿着哺乳衣喂奶相当方便，可以让你在乳房不外露的情形下喂奶，不必躲在厕所或是百货公司的育婴室里喂奶。如果你还是不习惯在公众场所喂奶，建议你可以在出门前先将母乳挤在奶瓶中备用。

现在也有专为母乳妈妈设计的外出旅行套件，包含了冷冻杯（盛装母乳用）、小冰枕（保存母乳用）等实用的工具，有的旅行套件还有挤乳器、母乳袋与小冰枕。一般来说，可冷冻母乳4个小时，如果再加放小冰枕就可以延长1个小时的保存时间。

（2）为喝配方乳的宝宝准备：可抛弃式奶瓶、奶粉盒或奶粉袋、温水等。抛弃式的奶瓶通常是工程塑料（PC）材质，质量较轻，奶瓶内的抛弃袋或抛弃杯，每泡一次奶就使用一个，宝宝喝过后可以直接丢掉，这样就不用担心清洗的问题了。

你可以依出门的时间长短，把奶粉放在奶粉携带盒中，每一格放一次冲泡的分量，不过奶粉盒不仅较重，而且较占空间，如果出远门有时候只有一个盒

子还会不够用，现在市面上有一种奶粉空袋，用纸或塑料制成，你可以把单次要冲泡的奶粉放进去，比较不占空间又轻便，不过缺点是消耗量较大。另外，要提醒你，如果你们要去的地方没有温开水可冲泡奶粉，最好要自行携带一瓶温开水。

（3）辅食也要一起带：磨制辅食的简易工具盒、汤匙、杯子、喂食奶瓶、果汁瓶、市售辅食罐头、果汁等。当宝宝开始吃辅食时，你可以在家中先将水果洗净、切好，出外后再使用辅食工具盒研磨给宝宝吃，如果时间不允许，也可以准备辅食罐头，以备不时之需。

如果怕麻烦的话，你也可以先在家中磨好果泥，放入喂食奶瓶里，奶瓶上附有汤匙，只要轻轻挤压就可以让果泥流到汤匙中，不需要再额外带汤匙了。

2. 关于宝宝"清洁"的问题

你需要准备尿布、防湿尿垫、可抛弃式围兜、吸汗背垫、替换衣物等，尤其是尿布一定要算好数量喔！

记得带湿纸巾、婴儿沐浴用品、护肤用品等，更为方便，很多爸妈都以为外出也可以方便买到，可是需要时却偏偏找不到，当宝宝尿尿或是便便时，是不会看场合的，小心他一不开心就会哇哇大哭喔！

3. 关于宝宝"娱乐"的问题

要吸引宝宝的注意力，让他不吵不闹，最好可以把宝宝喜欢的玩具、书等都带去，当然是小玩意啦，千万不要搬一整车的东西，为自己增添麻烦。像布娃娃、小汤匙、音乐铃等，都是很好用的。

除了听觉之外，触觉是宝宝另一项已有充分感知的能力，所以，你可以常常通过抚摸宝宝的身体和他互动，对于新生的宝宝，适时地用手指摸摸宝宝的脸颊，宝宝会很喜欢，等到大一点，就可以陪他玩一些手部游戏或是用身体打拍子的游戏，他都会很开心。

我们发现，新生儿对于人的兴趣远远高于其他事物，因此，从婴儿时期开始，让宝宝多接触人，对他以后人际关系的发展会有很大的帮助。另外，在这个时期也是宝宝跟父母亲建立稳固的亲子关系的重要时刻，建议你不妨多花一点时间跟宝宝相处，一起说说话、玩玩游戏等。

4. 关于宝宝"健康"的问题

退烧药、止泻药、感冒药水、蚊虫叮咬药、防蚊液、防晒乳液等，都是不可或缺的，尤其是带宝宝外出旅游，可千万不要冒险什么也不带喔，宁可多带以防万一，这样才最安全可靠的。

另外还有妈妈袋、婴儿背巾、背架、手推车等，都是妈妈最好的小帮手。出外旅行，这些东西可以减轻爸妈手抱的负担。

5. 陪宝宝童言童语

婴儿期的宝宝不会有很明确的反应，但他已经能够感知各种事物了，由于视力还没有发育完全，所以耳朵可以听到的声音，是这个时期你和他沟通的重要管道之一。

即使是刚出生的宝宝，只要你对他说话，他也会动动身体做出表示，宝宝想表达和想沟通的渴望强弱，会受到个性的影响，有的孩子会一直哦哦的叫，请你不要心急，耐心地、技巧地对宝宝说话，慢慢跟着宝宝一起成长。

和宝宝说话并不是以教他新的词汇为目的，重点是在于要和宝宝体验共同的感觉，对宝宝说话的时候，不妨以稍微高的音调，像唱歌一样、有抑扬顿挫的方式对他说话，或是模仿宝宝发出的声音，像宝宝高兴时会发出咿咿呀呀的声音等，这样宝宝会觉得很喜欢，觉得你了解他的想法。

第4章

婴幼儿的营养补充

当你要喂宝宝喝奶时，如果发现宝宝将头歪向一边不肯喝，或是嘴唇紧闭、想把奶瓶推开，这时候不需要太紧张，这有可能表示，应该开始帮宝宝添加辅食啰！宝宝长大后，光凭奶水的营养已经不够了，这时候就是为宝宝添加辅食的好时机。宝宝各阶段适合的辅食种类有哪些呢？常见的辅食喂食问题又有哪些呢？

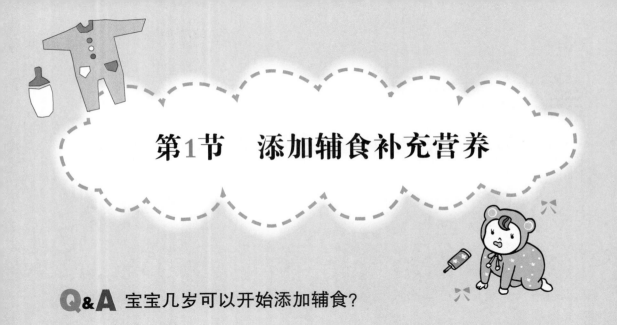

第1节　添加辅食补充营养

Q&A 宝宝几岁可以开始添加辅食？

　　一般来说，出生3个月内的宝宝，除了母乳或配方乳之外，不需要添加任何额外的补充食品，例如果汁、开水、葡萄糖水等，也不需要为宝宝添加任何维生素，因为母乳中的营养成分供应宝宝所需已经绰绰有余了。

　　而额外的喂食往往会造成浪费，影响正餐的胃口，所以很多专家都主张宝宝在4个月以后才开始添加辅食。因为4~6个月大的宝宝正进入吞咽期，这时候可以开始让宝宝练习吞食糊状食物。

出生4个月内的宝宝，由于生理条件限制，只能适应母乳或配方乳。随着年龄的增加，这些婴儿期唯一的食品慢慢赶不上生长的需求，特别是铁质、蛋白质、维生素方面，所以有必要开始添加辅食来补充奶水之不足。

一、添加辅食的基本原则是什么?

添加辅食可以从宝宝4~6个月开始,因为宝宝头和脖子已经具有良好的神经、肌肉控制能力,而且咀嚼和吞咽的功能发达,已经会分辨食物的味道和颜色,所以此时是让宝宝开始尝试母乳或配方乳以外的其他食物的最好时机。基本原则是分量由少到多,种类由简到繁,逐次增加。到了满周岁后,这些食品即可逐渐成为"正食品",配方乳或母乳反而变为"辅食"。

喂宝宝吃辅食,除了满足口腹之欲外,重点在于让宝宝慢慢学习大人的饮食习惯,并适应各种不同的食物。根据多年来的经验,最好要让宝宝在半年内懂得细嚼吞咽并尝试各种食品,以免以后出现偏食的情况,在本章第3节会依照不同年龄的宝宝的营养需求设计出菜单,方便妈妈们查询。

有些妈妈把米麦粉泡在奶瓶中与奶水一起喂宝宝,这是一种错误的方法。米粉或麦粉固然是辅食的首选,但如果放在奶瓶中喂宝宝,一来无法练习咀嚼,二来无法变换花样,宝宝容易吃腻。果汁也是一样,尽量要用杯子或汤匙练习喂食,不要放入奶瓶中,经过一段时间之后,就可以让宝宝开始练习吃果泥或果肉了,这样才能尽快戒除宝宝对于吸吮的依赖。

不过4~6个月的宝宝处于"厌奶期",食量的变化较大,所以建议你可以慢慢地添加其他食物来供给部分热量,尤其要注意观察,如果喂食母乳或配方乳以外的食物时,宝宝没有用舌头将食物顶出来,才可以继续添加其他食物。帮宝宝添加辅食时,一定要有耐心,千万不要强迫宝宝进食,以免因为对食物反感而延长厌奶期的时间。厌奶并非病态,是常见的过渡现象,大部分的宝宝在添加其他食物后,厌奶的情况都会逐渐改善。

二、该先为宝宝添加哪些辅食?

婴儿米粉会是不错的选择,它成分温和又很有营养,也不会有过敏的问题,你还可以在米粉中加一些温配方乳、母乳或冷开水,宝宝6个月以后,就可以加一些鲜奶烹煮食物给宝宝吃,但是1岁之前不要让宝宝直接喝鲜奶喔!以免诱发过敏反应。

添加辅食的目的除了让宝宝熟悉新食物外,也可以借此学习新的食物形态,让宝宝逐渐由液体食物慢慢适应固体食物,所以,你在喂宝宝的时候,要从流质(汤汁)或半流质(糊状)转变成半固体(泥状)或是固体的形式,以免宝宝的肠胃无法适应。

1. 宝宝4个月内不用添加辅食

在出生4个月内，宝宝每天需要的热量百分之百由母乳或配方乳供应，喝奶次数由1个月时的每天7次，到3个月时就可减为5~6次（但每次奶量可增加）。其实这个阶段不用补充任何辅食，奶水已经可以满足宝宝所有的需求，喝开水、葡萄糖水、果汁都是画蛇添足。

这里再次强调这个重要的观念，以前许多妈妈会因为怕小孩吃不饱，喂食一些葡萄糖水，这是很不好的。因为糖会造成饱足感，宝宝可能会因此不想喝你的奶，提早进入厌奶期，另外，糖水在嘴巴里停留久了，容易被细菌发酵产生酸化唾液，对宝宝脆弱的乳牙会有很大的伤害。

2. 4~6个月，开始补充10%~20%辅食

4~6个月大时，奶水的营养占全日所需热量的80%~90%，所以，剩下的10%~20%你就可以选一些辅食为宝宝添加。

至于辅食补充原则方面，这个阶段由于宝宝体内贮存的铁质已经耗尽了，所以最好选择富含铁质的食物，维生素C也可以帮助食物中铁质的吸收，所以建议你可以喂食一些果汁、菜汤、米麦糊给宝宝吃。如果怕宝宝对食物过敏，可选择米粉，不要马上用麦粉，因为米粉是单一谷类，麦粉成分较复杂。

现在市面上卖的米粉或麦粉不但方便冲调，而且都已加入适量的铁剂或维生素，你不需要大费周章用米去磨碎成粉状。一般来说，宝宝每天可吃米粉或麦粉30~50克，果汁可以用新鲜的橘子、橙、番茄、西瓜、雪梨等榨汁。蔬菜汁可选用新鲜绿叶蔬菜，去茎切碎后放入沸水煮熟，稍微冷却至适温后再用汤匙喂食，果汁或菜汁每天可以喂5~10毫升。

3. 7~12个月，开始补充20%~30%辅食

从7个月开始，奶水供给的热量再减为每天营养的50%~70%。宝宝满1岁之后，奶水只占热量之20%~30%，每天只要喂2次奶（每次350毫升），其他都必须由固体或半固体食物供给。

辅食的补充原则，果汁、菜汁每天可以增加到30毫升，米麦糊则可吃到80克。此外，可用小汤匙挖出香蕉、苹果、木瓜等果肉成泥状（果泥）、把蔬菜煮烂取出压碎（菜泥），或取出煮熟之蛋黄加水调成糊状（蛋黄泥）来喂宝宝。另外，肝泥（刮下泥状再蒸熟）、马铃薯泥（煮熟压成泥状）也可以搭配着吃。

原则上果泥、菜泥每日约30克，肝泥50克左右。肉类（里脊肉刮成肉泥

再煮熟）、肉松、鱼松、鱼肉、豆腐、豆浆可随妈妈方便及宝宝喜好慢慢添加。蛋黄可从1/4个吃起，增加到每天2次，有时也可混在米、麦糊中一起吃，全蛋要10个月后才可以吃。稀饭、面条、面线、面包、吐司、馒头都可开始练习吃。10~12个月的宝宝除了原来吃的应该增量之外，可以开始吃干饭、全蛋（最好用蒸的），蔬菜可煮熟剁碎后直接食用。

通常建议宝宝从第7个月大开始，喝奶的分量就要逐次减少，各式辅食则逐渐增加。当你开始为宝宝添加辅食时，喂母乳的次数可以从3个月的每日6次，减少为8~9个月时之每日4次，到了宝宝1岁时，就可以减少到每日1次，而且最好不要再用奶瓶了。

4. 辅食添加重点提示

（1）添加食物要由少量开始：刚开始吃新的辅食时须从少量试起，如果没有任何不良反应，再渐渐加量。建议你每次要单独选择一种喂宝宝，适应后再试另一种，等到宝宝可以完全接受时，才可以混合着吃，或以各类食物轮流喂食。要注意的是，不要因为任何小理由而放弃尝试辅食，有些妈妈看到宝宝的大便稍微稀一点就很紧张，其实这是过渡时期的现象，不用太担心。

（2）食物尽量要选择天然的：少加调味料；水果要选果皮容易处理的，最好是有机没有农药污染的。蛋、鱼、肉、肝要新鲜，而且一定要煮熟，最好是帮宝宝准备一套专用的食器。

（3）罐装食品可斟酌使用：如果真的没有时间准备食物时，可以买现成的婴儿罐装食品，但要注意保存期限；成人的罐头食品口味太重而且化学添加物太多，不可以给宝宝吃。甜菜、萝卜不适合给1岁以内婴幼儿吃。

（4）不可以随意添加牛奶：6个月后辅食吃得很好的宝宝，原有配方乳可以不必马上改为高蛋白（较大婴儿）配方乳，全脂奶（即一般牛奶）则至少要1岁以后才可以开始喝。过了1岁的宝宝由于营养来源有很多种，喝奶主要是补充钙质及一些维生素而已，并非热量的重要来源，喝什么奶已经无关紧要，不过如果你的宝宝是喝母乳的，就要特别注意蛋白质（肉、蛋）的补充。

（5）需请教专业医护人员：如果宝宝感到不适，最好先请教医护人员才开始添加辅食，婆婆、妈妈、亲友同事的意见有时不一定正确。

贴心小叮咛

因为现代人太过于忙碌，许多妈妈都过分依赖罐装食品，但是罐装食品的咀嚼和营养绝对不及自己烹煮的好，建议妈妈们在煮菜时，加入调味料之前可以先从菜肴中挑出少许适合宝宝食用的部分，再煮得更软些，调味料也要放得更少，调配成适合宝宝的清淡口味。

婴儿每日饮食建议表

宝宝月龄	母乳喂食次数	婴幼儿配方食品喂食次数	冲泡型配方食品量	水果类辅食	蔬菜类辅食	五谷类辅食	蛋豆鱼肉肝类辅食
1个月	7	7	80~140 mL	—	—	—	—
2个月	6	6	110~160 mL	—	—	—	—
3个月	6	5					
4~6个月	5	5	170~200 mL	果汁1~2茶匙	青菜汤1~2茶匙	麦糊或米糊3/4~1碗	—
7~9个月	4	4	200~250 mL	果汁或果泥1~2汤匙	青菜汤或青菜泥1~2汤匙	面条1~2碗 吐司2.5~4片 馒头1个 米糊2.5~4碗	蛋黄泥2~3个 豆腐1小块 豆浆1~1.5杯 肝泥50~150克 肉松25克
10个月	3	3	200~250 mL	果汁或果泥2~4汤匙	剁碎蔬菜2~4汤匙	面条1~2碗 干饭1~1.5碗 吐司4~6片 馒头1~1.5个 米糊4~6碗	蒸全蛋1~2个 豆腐1.5~2块 豆浆1.5~2杯 肝泥50~100克 肉松35克
11个月	2	3					
12个月	1	2					

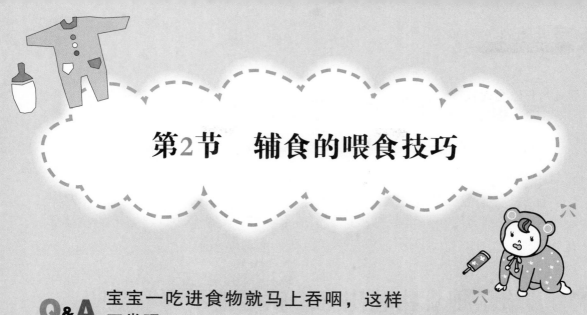

第2节　辅食的喂食技巧

Q&A 宝宝一吃进食物就马上吞咽，这样正常吗？

　　一般来说，如果是7~8个月以上的宝宝，应该已经会用舌头把食物压扁再吃下去，如果宝宝直接吞下去的话，可能有两个原因：一是之前都吃质地很软的东西，突然换成比较硬的食物他无法压扁；二是宝宝已经习惯软的食物了，所以他以为不需要咀嚼就可以直接吞下去。建议你可以慢慢增加食物的硬度，调整他的吞咽能力。

　　刚开始先用奶瓶喂宝宝辅食，等到宝宝大一点，就可以开始用汤匙喂食了，让宝宝练习固体食物的吞咽，不过很多妈妈都说，虽然打定主意要开始让宝宝练习，可是每次一喂宝宝就滴滴答答地把食物流到到处都是，也不知道他到底吃进去了多少，许多妈妈会因此放弃，喂食宝宝确实是需要无比的耐心的，不要急，我们来练习一下吧！

一、到底该给宝宝补充多少辅食？

刚开始为了让宝宝适应断奶食品，要小心控制食量，不过并没有明确的规定每天要给宝宝吃多少辅食才够，要视宝宝本身的食欲而定，可以每天先设定一餐添加辅食，或是下午让宝宝吃点心，等到宝宝完全适应了断奶食品，再调整成1天喂食2次，宝宝想吃多少你就给他多少量，喂食量主要以宝宝的食量及体形为主，你可以边喂食边观察宝宝的进食速度再慢慢做调整。

二、宝宝把食物吐出来，就是他不喜欢吃吗？

因为宝宝还不会正确地吞咽食物，所以有时候他会把食物吐出来，但这并不就是代表他不喜欢，不过有些宝宝确实比较偏食，对于味道和口感都比较特殊的肉类或是蔬菜会不愿意接受，而出现转头不想吃的情况。

宝宝讨厌食物的原因通常都是因为不容易进食，尤其是肉类，口感干干涩涩的，不容易吞咽，所以在制作的时候妈妈们一定要多下功夫，让食物比较容易吞食。例如以馄饨皮包绞肉煮汤，或是在捣碎的马铃薯泥中放入绞肉做成煎饼，如果宝宝还是不喜欢，也不用强迫宝宝一定要吃肉，可以利用鱼或是豆腐来补充所需的蛋白质。

1. 为宝宝准备专用餐具

只要稍用点心思，先准备好下列的用品做好事前的准备，就不会手忙脚乱了。为宝宝围上围兜可以预防宝宝吃得到处都是，而餐具材质上也要挑选耐热的塑料制品，以免选择玻璃制品，否则打破后会容易割伤宝宝。要

准备的用餐物品包括：①塑料碗；②塑料汤匙；③学习杯；④磨碎机（或搅拌器）；⑤绒布围兜。

大一点的宝宝喜欢用手抓东西，当大人用汤匙装食物给宝宝吃时，宝宝的小手常常会伸出来抓着汤匙，不然就是把手伸进碗里，搞得杯盘狼藉，凌乱不堪。提醒妈妈们这时候一定要耐着性子，让宝宝自由发挥，建议你可以在餐桌底下铺报纸或餐垫，以免东西洒满地，尽量让宝宝自己拿装了少许食物的碗和汤匙，然后另外准备别的食物和汤匙，偶尔

从旁边分送一些食物到宝宝的小嘴里。让宝宝不断自我练习之后，他就可以慢慢学会把东西送进嘴里的技巧了。

2. 喂食的重点技巧

（1）**用汤匙轻碰下唇**。用汤匙舀一点食物后，先轻轻地碰触宝宝的下唇，告诉宝宝上面有食物，然后将汤匙放于下唇上，宝宝一开始会先用上唇接受食物，等宝宝的动作完成了，再轻轻地取出汤匙。刚开始练习时，宝宝不会闭上嘴巴，所以食物会滴滴答答地流下，不过这是正常现象，并非宝宝不喜欢。可以立刻用汤匙把食物接起来，重复几次试试看，这需要花时间慢慢练习。有些妈妈会把食物直接送到口腔内侧，或是把食物沾到上颚或上唇上，都不是好方法。

（2）**制作方便拿取的食物**。等宝宝手已经开始可以抓取东西时，他会很渴望自己进食，这时候可以调制一些宝宝方便拿在手里的断奶食品，满足宝宝想一个人吃东西的意愿，像是切成条状的香蕉、吐司、面包，或是一口大小的饭团或肉丸子、青菜等，都是不错的选择。

（3）**在固定的地方进食**。尽量让宝宝在固定的地方进食，例如餐桌旁。这样可以训练宝宝养成一定要在餐桌上吃饭的习惯，或是到了餐桌就是要吃饭了的习惯。有些妈妈问，需不需要给宝宝买张高脚椅？答案是，如果经济上许可的话，这是一个很好的工具，让宝宝有安全吃东西的地方，也较容易让他养成在固定地方进食。不过最好要等宝宝7个月以上，再使用高脚椅，而且宝宝吃东西的时候，你还要陪在旁边，不要放任他自己吃，记得把高脚椅的安全带系上。

（4）**让宝宝练习使用杯子**。等到宝宝会闭上嘴唇时，就可以开始练习使用杯子了。刚开始宝宝不会主动以嘴就杯子，所以大人要倾斜杯子让宝宝喝。等到宝宝会使用杯子，大概在7~11个月

这段时间；真正告别奶瓶，则要到1岁到1岁半。

在还没有办法熟练地使用杯子时，如果宝宝已经自己想拿杯子喝东西的话，大人要在一旁悄悄地协助，不妨饭后在小杯子里放一点冷开水，一点一点慢慢地喂喂看，刚开始可能会大部分都溢出来，但只要不断练习，就能喝得很好，也可以使用市售的练习杯。另外，如果稍微练习一下，吸管也能用得很好，不妨多尝试看看。

三、宝宝爱挑食怎么办?

很多宝宝对食物的喜好会走两个极端，如果你家的宝宝也是这样，一定要想办法调整过来。因为小时候对食物喜好的反应两极化，将来长大了也多少会有偏食的倾向。总之，先别管他现在是不爱吃肉或是不爱吃根茎类食物等，要特别多利用主食、蛋白质、蔬果等三大类食物，努力变换菜式，让宝宝均衡摄取食物。例如，不喜欢吃肉，只要肯吃鱼就无妨；不喜欢吃米饭，只要肯吃面包或是面食，营养方面就不会有问题了。如果只吃主食而完全不吃蛋白质和蔬菜类的话，不妨和喜欢吃的东西搭配在一起，在制作上或是调味上必须多加些巧思和变化。

许多宝宝可能会这个星期爱吃某些食物，下个星期却爱吃别的东西，我们无法确定宝宝是不是想通过这样的行为来吸引妈妈的注意，你可以试着给他多种类的食物，不要哄他或强迫他吃他不想吃的东西，不管他吃什么，都要多多夸奖他，情况应该就可以慢慢改善。

大部分的人天生就能接受甜和咸味，其他酸、苦、辣等口味则是由后天学习的喜好，在4~6个月添加辅食时，给宝宝的食物种类愈多，将来宝宝对于各种风味的食物接受度也愈高，长大后也比较不会偏食。由于人天生喜欢甜味，所以不要太早给宝宝果汁或甜食，以免养成他爱吃甜食的习惯，容易蛀牙及肥胖。另外，宝宝喜欢模仿父母，所以最好不要在宝宝面前表现对某些食物的好恶，以免宝宝对食物产生偏见，在用餐时也要维持气氛愉悦，避免强迫喂食，以免宝宝对食物反感。

有些妈妈常常抱怨，喂宝宝吃饭的时候，宝宝总是不肯乖乖坐着，一餐饭下来往往弄得筋疲力尽。其实，训练宝宝乖乖吃饭并不难，在这里可以告诉你一个小方法，你可以给宝宝一条餐巾、整副餐具和真的盘子（不是免洗那种），然后尽量将餐点设计得简单些。

因为宝宝的专注力以及能好好坐着的时间都不及成人，所以要尽量缩短用餐时间，另外，当宝宝乖乖吃饭时，一定要常常夸他，不要等他不乖了才去注

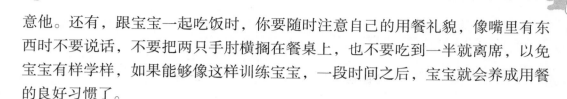

意他。还有，跟宝宝一起吃饭时，你要随时注意自己的用餐礼貌，像嘴里有东西时不要说话，不要把两只手肘横搁在餐桌上，也不要吃到一半就离席，以免宝宝有样学样，如果能够像这样训练宝宝，一段时间之后，宝宝就会养成用餐的良好习惯了。

1. 素食宝宝的成长和发育

有些吃素的妈妈问，可不可以让宝宝也吃全素？其实，对于婴儿来说，全素（没有动物性蛋白质和其他营养素）并不适合，蛋白质、钙、维生素D及维生素B_{12}的量都不够。建议你如果真的非常想让宝宝跟着吃素的话，最好选择奶蛋素，才不会对宝宝的生长发育有不利的影响。

2. 帮素食宝宝准备奶蛋素的食物！

如果不想给宝宝吃肉或鱼，那这些蛋白质就必须从其他的食物中摄取，像牛奶或是其他奶类就可以提供宝宝所需的维生素B_{12}，另外，6个月以上的宝宝，蛋也是一种很好的维生素B_{12}来源。

给4个月以上宝宝的建议饮食

（1）婴儿米粉、谷类、小米
（2）煮至熟烂的蔬菜（马铃薯、胡萝卜、小胡瓜或是番薯）
（3）水果泥（煮过的苹果、梨、香蕉,煮过并捣碎的杏、桃）
※不可以吃蛋和干果类

给5个月以上宝宝的建议饮食

（1）扁豆泥
（2）增加蔬果的种类（酪梨、芒果、葡萄都是不错的选择）
（3）部分乳制品（婴儿酸奶）
※不可以吃蛋和干果类

给6个月以上宝宝的建议饮食

（1）豆腐、扁豆泥、烤过的豆子（无盐、无糖）
（2）乳制品（奶酪）
（3）煮熟的蛋（要先确定没有家族性的对蛋过敏）
（4）小麦制品（面包、麦片粥、脆饼干或是谷类加工制品）
※不可以吃干果类

3. 宝宝每日需要的营养素

很多妈妈都说，宝宝虽然挑食，但是看起来一样长得很好啊，但是儿童普遍都有缺铁的问题，所以，建议让宝宝的食物能够多样化又有营养还是比较好的，小心宝宝是虚胖喔！人体所需要的五大类营养素包括：蛋白质、糖类、脂质、维生素及矿物质。不管是成人还是宝宝，都需要这些营养素来供给生长发育以及调节生理机能、修补组织、增加免疫功能，要维持身体的健康，最好让宝宝从小就养成好习惯，不要只吃特定的几种食物。

生长的重点营养素——蛋白质

【功能】

可以建造新的组织，尤其对生长发育期，如婴儿期、儿童期、青春期及怀孕期都非常重要。

【优点】

对于已经建立的组织，蛋白质具有修补功能。血液中的白蛋白、球蛋白等的构成也需要蛋白质。蛋白质可维持身体中的酸碱平衡及水的平衡、帮助营养素的运输，或构成酵素、激素和抗体等，调节生理机能。

蛋白质摄取不足时会造成生长发育迟缓、体重不足、容易疲倦、抵抗力减弱，严重时还会造成水肿、脂肪肝、皮肤发炎等。若再加上热量摄取不够，就形成所谓的蛋白质热量缺乏症。怀孕期之妇女蛋白质摄取不足则容易贫血、流产，生出的婴儿可能会有体重、身高不足的问题。

【缺点】

蛋白质摄取太多会增加肾脏代谢负担。因为蛋白质代谢时会产生一些含氮废弃物，这些废弃物都会由肾脏排泄，所以摄取太多时体内的含氮废弃物就会增加，而增加肾脏负担。另外，蛋白质代谢后所产生的一些酸性物质也会与钙结合而排出，造成钙的缺乏。由于蛋白质多来自肉、蛋类，所以会增加饱和脂肪和胆固醇的摄取量，容易提高罹患心血管疾病的概率。

【主要来源】

蛋白质的食物来源可分为动物性与植物性，动物性蛋白质有蛋、奶、肉、鱼、家禽；植物性蛋白质则多来自豆类、核果类及五谷根茎类。食物中蛋白质的营养价值，除了量的多寡外，还要考虑质量，当食物中蛋白质的质量好，量足够时，称为高生物价蛋白质，一般而言，动物性食品多为高生物价蛋白质，植物性食品较低，所以一般不建议让宝宝吃素。

热量的主要来源——糖类（碳水化合物）

【功能】

糖类主要功能在供给身体所需要的能量，1克糖类可产生4千卡（1卡=4.18焦耳）的热量。当身体中糖类不够时，身体就会以蛋白质作为能量的来源，而使蛋白质无法用于生长发育和修补组织，所以糖类的主要作用是在节省蛋白质的消耗。另外，在体内脂质氧化过程中，必须有糖类的参与氧化才能完全，否则会产生过多的酮体，造成酮酸中毒。

【优点】

糖类中的葡萄糖是神经细胞能量的唯一来源，尤其是维持脑细胞运作不可或缺的营养素之一，否则会影响其正常功能。糖类摄取不足，体内无法获得足够的热量，就会缺乏活力，而且会影响蛋白质及脂质在身体内的代谢。

【缺点】

糖类摄取过多时热量会增加，当超过身体需要量后则会转变成脂肪储存在身体中，是造成肥胖的主因。糖类可分为单糖、双糖及多糖，单糖包括葡萄糖、果糖，双糖包括蔗糖、麦芽糖、乳糖，而多糖则以淀粉、糊精、纤维质、肝糖为主。

【主要来源】

糖类的食物来源主要为多糖类的淀粉类食物，如米饭、面食、马铃薯、番薯等五谷根茎类，还有少量来自奶类的乳糖、水果及蔬菜中的果糖等。

提供健康的必需品——脂肪

【功能】

脂肪主要为提供生长及维持皮肤健康所需的必需脂肪酸。维生素A、维生素D、维生素E、维生素K为脂溶性维生素，必须溶于脂肪中才能被吸收利用。脂肪中的多元不饱和脂肪酸则是构成细胞膜的成分之一。

【优点】

脂肪能提供热量，1克脂肪约可产生9千卡热量，身体中多余的热量也以脂肪的形态贮藏。身体上的脂肪可以保持体温及保护身体和内脏器官不会受到震荡撞击的伤害，食物中的脂肪可增加食物的美味、促进食欲，并减缓胃酸的分泌，使食物在胃中停留时间较长而增加饱足感。脂肪摄取不足时皮肤会变得粗糙，身材瘦小。而脂肪中的必需脂肪酸缺乏时会造成生长迟缓，生育能力降低，皮肤、肾脏、肝脏等功能不正常。

【缺点】

脂肪摄取太多会造成过多的热量囤积于体内，转变成身体脂肪组织，因而

造成体重过重甚而肥胖。尤其是饱和脂肪酸摄取过多，会使血中胆固醇浓度增加，这是造成心血管疾病危险因素之一。

【主要来源】

脂肪主要来源有大豆油、花生油等植物性油脂，以及牛油、猪油和各种肉类所含的动物性脂肪。植物性油脂中不含胆固醇，含较多的不饱和脂肪酸，但椰子油、棕榈油例外。动物性油脂含饱和脂肪酸较高，要减少食用。

维持生命的养分——维生素

【功能】

维生素是一种有机物质，在人体内无法合成，必须由食物中获得，所需要的量不多，但在维持生命、促进生长发育上是不可或缺的。

【优点】

维生素不能产生热能，也不能形成身体组织，其主要功能是促进身体中的代谢作用。维生素按其溶解性质可分为：脂溶性维生素，包含维生素A、维生素D、维生素E及维生素K，水溶性维生素则以维生素B及维生素C为主。

【缺点】

水溶性维生素多时，会由身体中排出，但脂溶性维生素不易排出，累积储存在身体中易产生中毒，所以摄取脂溶性维生素时，要避免过量。

【主要来源】

蔬菜水果里面就有相当丰富的维生素，不过因为维生素通常不耐热，所以打成果汁是最好的摄取方式，不过要快点喝完，否则氧化后会失去作用。

不可或缺的成分——矿物质

【功能】

人体内所需要的矿物质有20多种，其中又以钙、磷、钠、钾、镁、硫、氯等需要量较大，称为巨量元素，另外，存在体内的量小，需要量也较小的，称为微量元素，像铁、铜、碘、锰、锌、钴、钼、氟、铝、铬、硒等。各种矿物质在身体中都有其重要的功能，缺一不可，但由于所需要的量并不多，且广泛存在于食物中，比较不会有缺乏的问题。根据调查结果显示，钙及铁是人体内容易缺乏的矿物质。骨骼生长需要有钙与磷的结晶沉积，才能使骨骼有弹性、坚固又具支撑性，另外，钙也是组成牙齿的重要成分。

【优点】

在血液凝聚时，除了需要维生素K外，还需要钙才能促使凝血元的活化。

末梢神经的感应及肌肉收缩与血中钙的浓度有关，当钙的浓度太低时，肌肉容易痉挛，心脏跳动较快。

钙质的摄取不足或吸收不良，会引起钙的缺乏症，过多的磷也会使钙的吸收不良。血中的钙与骨骼中的钙不停地互换，在年轻时，进入骨骼中钙化钙的多于游离出来的钙，成年后，渐渐变为游离出来的速率比较高，故在年轻时摄取钙不足，年老时，钙由骨骼中游离出来的又多，则容易造成骨质疏松症、骨骼变形、骨折等。

铁在血红素及肌红素中负责氧及二氧化碳的输送，在细胞色素中负责电子传递及能量的生成。缺乏铁时会产生缺铁性贫血，红细胞体积变小，数目减少，患者会感觉疲倦、缺乏体力，脸色苍白，抵抗力减弱。怀孕及哺乳期妇女铁的需要量会大增，经期妇女及长期失血者，也容易造成缺铁性贫血。

【缺点】

矿物质过多会造成身体的负担，如钠含量过高，容易造成肾脏代谢不良，而且矿物质较难计算出分量，所以不容易估算摄取的数值。

【主要来源】

含钙丰富的食物有奶类及奶制品、带骨的小鱼、鱼干、豆类及豆制品、深色蔬菜等。牛奶含钙丰富，1 杯牛奶中的钙质，即可提供每日所需钙质建议量的一半。含铁丰富的食物则有肝脏、红色肉类、鱼类、蛋黄、豆类及绿叶蔬菜。含维生素 C 的食物可帮助铁的吸收。

维持重要功能的营养——膳食纤维

【功能】

膳食纤维是一种来自植物的食物，在人体消化道中不能被消化吸收，这些物质无法吸收利用，虽然不能称为营养素，但在人体上仍有其重要作用。

【优点】

膳食纤维可增加粪便的体积，刺激肠道蠕动，帮助排便，并减少粪便在肠内停留的时间，可减少肠道不良微生物，并降低致癌物。膳食纤维与胆酸盐结合排出体外，可以加速胆固醇的分解，降低血中胆固醇的浓度；水溶性的纤维素可延缓糖尿病病人血糖上升之速率。另外，膳食纤维丰富的食物热量低，又需较长的咀嚼时间，因其吸水性强所以吃下去容易有饱足感。

【缺点】

膳食纤维的缺点是会抑制矿物质的吸收，而且如果宝宝的肠胃还未发育完

全，会不容易消化，造成宝宝腹胀。

【主要来源】

膳食纤维丰富的食物有全谷类的米、麦、水果、蔬菜、干豆类、核果类及种子类等。

四、我家的宝宝会太胖吗?

"哇！你家的宝宝圆滚滚的，好可爱喔！"当周围不断出现类似的赞美时，你可别太得意，那代表着你家小宝贝可能过重啦！建议你可以带宝宝去诊所或是卫生所去量一下身高、体重，然后看看宝宝体重情况排在"宝宝的生长表"的哪一位置，再来做判断。

现代人营养愈来愈好，你要担心的不是宝宝过瘦而是过胖，研究报告指出，小时候胖，长大多半也逃离不了当胖子的命运。所以，当宝宝的体重开始拉警报的时候，你就要提高警觉，适度地注意宝宝的体重。根据门诊中的观察，现在过胖的宝宝有1~2成。有些妈妈会说："宝宝白白胖胖的看起来才健康，还是胖一点好。"其实圆滚滚的宝宝看似健康，其实却潜藏着许多危机！所以你平常一定要仔细观察宝宝的身体状况，如果出现下列情况，就一定要注意！

1. 胖宝宝简易观察法

Check 1：睡觉会呼吸不顺、打呼吗？

有些宝宝睡觉会打呼，这是什么原因呢？如果没有其他病理因素的话，就有可能是太胖啦！当宝宝出现呼吸不顺畅、睡觉会打呼时，你就要注意宝宝是否有过胖的问题了。

Check 2：宝宝的心肺功能正常吗？

如果宝宝稍微动一下就气喘如牛、满脸通红，或是小宝宝经常出现心动过速，或是心肺功能失常的情形时，极有可能是因为过胖而影响到活动力。

Check 3：新陈代谢的速度过快吗？

如果宝宝的胸部等第二性征提早出现，就代表宝宝的新陈代谢出现问题，应该做进一步的检查，以免影响健康。

Check 4：到了1岁却还无法直立？

如果宝宝1岁了，应该开始学走路了，但宝宝胖嘟嘟的双腿却很难站直，走一下就不走了。就有可能是宝宝过胖而导致双脚无法承受身体的重量，形成运动性关节炎，严重的话会造成站立、行走困难，一定要小心。

2. 胖宝宝饮食控制原则

一般宝宝需要的热量约为100千卡／千克。如果摄取量超过100千卡，热量的摄取就过多，需纠正宝宝的饮食习惯。宝宝的饮食控制原则为：

（1）评估宝宝的生长，并记录体重下降状况，避免一次瘦太多，影响健康。

（2）水分摄取不可少。你可以用更换尿布的次数来评估水分摄取是否足够。

（3）体重控制要循序渐进，以不影响智力、神经、精神发育为原则。若为求快速，太过严格地控制宝宝的饮食，会影响宝宝健康。

（4）不要以食物作为安慰剂，只要满足孩子的食欲即可，以免食量愈来愈大。

（5）养成宝宝细嚼慢咽的习惯，让血糖缓慢上升，使中枢神经产生饱足感，减少食量。

（6）尽量让宝宝做床上运动，像翻身、玩玩具等都可以，只要有流汗，就达到运动、瘦身的目的了。

营养不良会阻碍宝宝的正常生长发育，但过度地为宝宝进补，就会让宝宝变成胖宝宝。宝宝的营养健康必须均衡，所以妈妈要经常检查给宝宝的食物是否正确、种类是否合适等。找到问题及时调整、纠正，多增加营养价值高的天然食物，把握多样化的原则，宝宝才可以健健康康地成长。

第3节　婴幼儿成长食谱

Q&A 辅食每天要给宝宝吃几次?

刚开始的时候可以让宝宝一天练习吃一次辅食，等到完全适应之后，就可以慢慢增加喂食次数了，每天大约2次。

辅食的种类也可以从开始的一天1种，增加到2~3种，这样营养才会均衡。不过记得一开始宝宝还不能吃肉、蛋白、虾蟹贝类等，脂肪也最好不要碰；豆腐、谷粉、白肉鱼、煮熟的蛋黄、无糖酸奶或奶酪都是摄取蛋白质的最佳来源。

想要宝宝健康又聪明，就要特别注意辅食的添加，但是和大人比起来，宝宝小小的身体还没有发育成熟，牙齿也还没长齐，消化能力也不好，所以给宝宝添加辅食时不能操之过急。喂宝宝的时候，一定要配合宝宝的心理和身体发育状况，循序渐进，才能让你家宝宝健康又可爱!

不管你的宝宝是喝母乳或是配方乳，在宝宝渐渐长大后，必须通过其他食物来摄取需要的营养，尤其是宝宝到了4~6个月大以后，母乳已经无法完全供应成长所需要的铁、蛋白质及矿物质等营养了，从这时候开始，你要开始着手为他补充适合他的辅食，宝宝才能健康成长喔！

这时期的宝宝已经会辨别食物的味道及颜色，因此可以开始给予奶以外的食物；除补充所需之营养之外，还可以训练宝宝的咀嚼及吞咽能力、让宝宝习惯奶以外各种不同口味、质地的食物，以及习惯对汤匙的触感，渐渐适应大人世界的固体食物。4~6个月大的宝宝体内所贮存的铁质已耗尽，所以喂母乳者在添加辅食时，应多补充富含铁质的食物。

一、4~6个月宝宝的辅食

1. 液状食物

果汁、蔬菜汁是宝宝辅食的第一类接触！尽量不要挑味道很怪的蔬菜，像韭菜、苦瓜等，以免宝宝不爱喝。

其他的蔬菜、水果倒是没有很大的限制，多选用当季蔬菜最好。此外，维生素C可以帮助铁的吸收，妈妈可以自己榨葡萄汁、橙汁给宝宝喝，但别忘了要用开水稀释至浓度减半后再喂哦！

 橙汁

材料

橙	1/2个
冷开水	30毫升

做法

（1）将橙仔细洗净，横切一半。用橙榨汁器榨出汁液。

（2）滤网洗净，将橙汁以滤网过筛。

（3）加入1倍量的冷开水稀释橙汁后就可以喂宝宝了。

葡萄汁

材料

红葡萄	30克
冷开水	20毫升

做法

（1）将葡萄洗净。

（2）滤网洗净，将葡萄置于滤网中，以汤匙底部将葡萄压出汁来。

（3）加入1倍的冷开水稀释葡萄汁后就可以喂宝宝了。

蔬菜汁

材料

胡萝卜	1/3 条	洋葱	1/2 个
椰菜	1大片叶		

做法

（1）将全部蔬菜均洗净、切丝。

（2）锅子洗净，加入2碗水煮开。

（3）将蔬菜放入，煮开后转小火煮10分钟，熄火放凉。

（4）滤网洗净，将蔬菜汁过筛就大功告成了。

（5）可以一次制备一些，再用制冰盒分装、冷冻后备用。

2. 黏糊状食物

等到宝宝习惯初期阶段的食物后，可将辅食制作成稀糊状，类似蜂蜜状，再根据宝宝吞咽情况增加黏稠度至似蛋黄酱状。

每个宝宝对食物的适口性、黏稠度都不一样，妈妈们可以从稀一点开始，慢慢增加浓度，还要注意宝宝的排便喔！如果有拉肚子的情况，表示宝宝不适应这样食物，应该先停下来，观察之后再添加其他食物。

米粉也是这个时期的重点之一，可以用母乳调配最好，如果不行就用开水去调制。

 米粉糊

材料

婴儿米粉	1大匙
水或母乳	30毫升

做法

（1）将米粉加水或母乳调成稀糊状。

（2）以汤匙喂宝宝。

苹果泥

材料

苹果   1/4 个

做法

（1）苹果洗净、去皮。

（2）磨泥器洗净，将苹果磨成泥
状即可。

番茄马铃薯泥

材料

番茄   1/2 个

马铃薯   30克

蔬菜汁   适量

做法

（1）将马铃薯煮软后，用汤匙捣
烂。

（2）番茄去皮除籽后，用磨臼捣
烂。

（3）将番茄泥及马铃薯泥混合
后，以蔬菜汁调整稠度即
可。

二、7~9个月宝宝的辅食

7~9个月大的宝宝，已经进入咀嚼期，这时的宝宝会用舌头把柔软、小粒的辅食磨碎。建议你可以一天喂两次辅食，食材的选择则可以豆腐当作硬度为比较标准，让宝宝慢慢地练习他的咀嚼能力。千万别一下就给宝宝吃太硬的食物。

这个时期的宝宝可以开始吃肉了，建议从脂肪量较少的鸡胸肉末开始，到了后半期，也可以开始让宝宝吃煮熟的全蛋黄。宝宝的食物以切碎或剁碎、略带颗粒状，硬度与味噌相似为原则。新鲜的蔬菜汁或放凉后捞去浮油的猪肋骨或鸡骨熬成的高汤，都是给宝宝煮稀饭、做菜的好汤头。

营养麦片粥

材料

水煮蛋蛋黄（压碎）	1/4个
麦粉	3大匙
青菜嫩叶（剁碎）	2大匙
蔬菜汁	200毫升

做法

（1）取蔬菜汁200毫升加热，放入麦粉、碎青菜，煮熟熄火。

（2）待约10 分钟麦粉吸汤汁成稠状后，拌入水煮蛋黄碎即可。

鱼肉蔬菜粥

材料

胡萝卜	30克	番茄	30克
洋葱	20克	白鱼肉	30克
稀饭	1/2碗		

做法

（1）将胡萝卜切丝；番茄去皮除籽；洋葱切丝，煮熟后取出切碎。

（2）鱼洗净，仔细去皮及鱼刺，放入滚水烫熟后取出撕碎。

（3）将上述两种材料与稀饭一起混合即可。

牛奶果冻

材料

番茄	1/2个	配方乳	12毫升
洋菜粉	1小匙	白砂糖	1小匙

做法

（1）番茄去皮除籽后，用磨臼捣烂，备用。

（2）将洋菜粉加3茶匙冷开水混合，取其一半量加入1/4杯水中煮溶熄火，加入番茄泥及一半的砂糖，拌匀后倒入模具内，冷却、凝固。

（3）将剩下的洋菜水、砂糖加入配方乳中，小火煮溶熄火，放稍凉后淋在做法2的番茄冻上。凝固后即可倒扣出食用。

番茄蛋花巧达汤

材料

番茄	50克	洋葱	50克
鸡蛋黄	1个	吐司	1/2片
去油高汤	1杯		

做法

（1）将番茄去皮除籽，连同洋葱仔细切碎，倒入高汤中煮至软烂。

（2）吐司去皮切小丁，烤箱略烤过。

（3）蛋黄打散，徐徐倒入做法1的菜汤中，并边倒边搅拌成细蛋花。待煮开后熄火，加入烤过吐司丁，即成一道美味餐点。

紫菜银鱼羹

材料

紫菜	1小片
银鱼	10克
莲藕粉	1/2小匙
去油高汤	100毫升

做法

（1）紫菜撕成碎片后用冷开水浸泡。

（2）银鱼洗净、切碎，加入煮沸的高汤，小火煮5分钟后加入浸过的紫菜，煮开后莲藕粉以水调稀，倒入搅拌勾芡后即完成。

三、10~12个月宝宝的辅食

本阶段要开始训练宝宝的牙齿咬合磨碎能力。

宝宝多数已经开始长门牙了，所以食材的硬度可以比咀嚼期再稍稍增加，以牙龈可以压碎为标准，但不要突然改变硬度太多，怕会因此破坏宝宝的咬合基础。通常这时候一天可以喂食3餐了，所以可以安排跟大人同桌用餐也无妨。10个月大的宝宝可以开始吃全蛋啰！

白菜虾仁羹

材料

小白菜	20克	豆腐	1/10块
虾仁	2只	去油高汤	20毫升
莲藕粉	1小匙		
（或太白粉）			

做法

（1）将小白菜切细、豆腐切成小丁、虾仁去泥肠后切成丁。

（2）将高汤煮沸，放入豆腐丁煮10分钟后，加入青菜和虾仁，继续煮到熟。莲藕粉以水调稀，倒入搅拌勾芡即可。

菠菜肉羹

材料

猪小里脊肉	10克	菠菜	30克
鸡蛋	1/2个	莲藕粉	1.5小匙
芥花油	1/2小匙	去油高汤	200毫升

做法

（1）菠菜洗净切细，鸡蛋打散，备用。

（2）将肉剁碎，加入少许芥花油和莲藕粉搅拌，下油爆炒。

（3）加入切细的菠菜及高汤，煮10分钟后，将蛋液徐徐倒入，莲藕粉以水调稀，倒入搅拌勾芡即可。

苋菜银鱼燕麦粥

材料

绿苋菜	30克
银鱼	10克
小燕麦片	3大匙
去油高汤	200毫升

做法

（1）苋菜切细、银鱼切碎。

（2）高汤煮沸，加入小燕麦片、苋菜及银鱼，小火煮5分钟即可。

（3）要边煮边搅，以免煮糊。

鸡蓉玉米汤

材料

鸡肉	10克
洋葱	30克
洋菇	10克
绿花菜	20克
玉米粒	30克
马铃薯	30克
去油高汤	50毫升
配方乳	30毫升
芥花油	1/2小匙
莲藕粉	1小匙

做法

(1) 将鸡肉、洋葱、洋菇、绿花菜切碎，马铃薯切丁备用。

(2) 用芥花籽油炒香洋葱，加入奶水、高汤及马铃薯熬煮，待水滚后加入其他材料继续煮软。

(3) 莲藕粉以水调稀，倒入搅拌勾芡即可。

什锦茶碗蒸

材料

玉米酱	1/6罐	鸡蛋	1个
猪肉	10克	胡萝卜	10克
四季豆	5克	芥花油	1/2小匙

做法

（1）猪肉剁碎，胡萝卜、四季豆都切成小丁、备用。

（2）将鸡蛋打散，加入玉米酱、高汤拌匀，倒入容器内，放入已冒出蒸汽的蒸笼内，锅盖留些空隙，用小火蒸约3分钟。

（3）起油锅，将做法1的食材炒熟，再加入高汤煮沸，淋在蒸好的蛋上即可。

干贝饼

材料

新鲜干贝	2个	洋葱	50克
马铃薯	90克	芥花油	1杯

做法

（1）将新鲜干贝搅成泥，马铃薯煮熟后压成泥，洋葱切成细碎。将所有的材料混合拌匀，做成饼状。

（2）放入180℃的油锅中炸至金黄酥脆状便可捞起、沥干。

四、13～18个月宝宝的辅食

宝宝1岁了，恭喜你，他几乎已经要完成断奶食品的考验了。但是你要注意，一下子就要宝宝跟大人吃一样的东西，对他来说实在负担太大了，所以你在帮宝宝准备食物的时候，一定还要多留意，口感尽量软一些、食材切得小一点、切割大小为大人的1/3 为原则，味道也不要太重，以免对健康不利，不要让宝宝养成重口味的饮食习惯。

宝宝此时已经可以咀嚼得很好了，但是食物应以略软为主。从现在开始让宝宝习惯清淡饮食，培养正确的饮食习惯，以后也不容易成为小胖子！

蒸肉丸

材料

绞猪肉	20克	胡萝卜	20 克
青豆仁	1大匙	洋葱	20 克

做法

（1）将胡萝卜及洋葱尽量切碎；煮一锅水后放入胡萝卜、青豆仁及洋葱煮至熟软。

（2）将所有材料放入碗中，用少许芥花油、莲藕粉搅拌均匀，做成丸状，排列盘中。放入已冒出蒸汽的蒸笼内，用中火蒸约20分钟，肉丸熟透即可食用。

四色汤

材料

豆腐	1/2块	番茄	1/2个
冷冻青豆仁	1大匙	香菇	2朵

做法

（1）将香菇洗净、泡软去柄，切成小丁。豆腐及番茄也分别切小丁。

（2）将高汤煮开后，将所有材料放入，煮至熟软。

（3）起锅前滴几滴香油即可。

材料

新鲜鱼肉	20克
蛋	1个
豆腐	1/4块
胡萝卜	20克
白萝卜	20克

做法

（1）将鱼肉洗净，仔细去皮及鱼刺，加蛋，拌成泥状，做成鱼丸。

（2）豆腐、胡萝卜、白萝卜分别切丁。

（3）锅中放入1碗水，将豆腐、胡萝卜、白萝卜放入煮熟后，加进鱼丸煮熟即可。

蔬菜炖鸡汤

材料

鸡胸肉	15克	洋葱	20克
白花菜	30克	香菇	1朵
芥花油	1/4小匙	莲藕粉	1/2小匙

做法

（1）鸡胸肉切成小丁，加入芥花油和莲藕粉拌均匀（让口感滑嫩）。

（2）香菇洗净泡软去柄，切成小丁。洋葱及白花菜切小丁。

（3）将所有材料放入小炖碗中，加水及少许盐，用电锅煮熟即可。

鲜鱼烩饭

材料

新鲜鱼肉	20克	蛋	1个
青江菜	1棵	白饭	1/2碗

做法

（1）将鱼肉加水煮成汤汁，把鱼肉及骨分开。

（2）青菜洗净、切细；蛋打散备用。

（3）锅中放置白饭及做法1的鱼汤煮至软，再加入青菜、蛋液和少许盐一起煮开，起锅前放入已煮好的鱼肉即可。

汉堡肉排

材料

绞猪肉	20克	洋葱	30克
芥花油	1小匙	蛋白	1/2个
酱油	1/2小匙		

做法

(1) 将洋葱切成末。

(2) 绞猪肉、洋葱末、蛋白与调味料一起拌匀。

(3) 将肉馅用手塑成圆球后，用手掌压扁。

(4) 热油锅后将肉放入，两面煎熟即可。

虾仁炒蛋

材料

蛋	1个	虾仁	3只
牛奶	1大匙	冷冻青豆仁	1/2大匙
芥花油	1小匙		

做法

(1) 将虾仁去泥肠，切成小丁。

(2) 蛋打散，加入牛奶、少许盐拌匀。

(3) 锅里加油烧热，放入虾仁、青豆仁热炒，倒入蛋液迅速与所有材料炒匀即可。

五、19～24个月宝宝的辅食

补充营养，为宝宝打好基础！

快到3岁是开始发展词汇的重要时期，语言、思考、学习和记忆等都有很大的发展空间，这阶段的幼儿更需要多种营养，例如需要花生四烯酸（AA）、二十二碳六烯酸（DHA）、锌和铁质等来辅助他们的发育，让他们从小就打好基础。

山药烩鸡丁

材料

鸡胸肉	30克	山药	20克
红甜椒	10克	青椒	10克
洋葱	20克	莲藕粉	1/2小匙
芥花油	1小匙		

做法

（1）将山药切薄片。洋葱、红椒、青椒分别切一口大小。

（2）鸡肉切一口大小薄片，加入少许芥花油和莲藕粉搅拌均匀。

（3）加热油锅，先将洋葱炒香，再加入鸡肉、红椒、青椒、山药及1.5 碗高汤，小火煮5~10分钟即可。

蔬菜蛋饼

材料

鸡蛋	1个
椰菜	50克
胡萝卜	10克
芹菜	1小根
中筋面粉	1/2杯
芥花油	1小匙

做法

（1）面粉加蛋、水，调成面糊，备用。

（2）椰菜、胡萝卜、芹菜切成细条或末，加入面糊中拌匀。

（3）热油锅，将蔬菜面糊倒入，两面煎至金黄色即可。

（4）切成条状让宝宝用手拿着吃，或切成丁放入碗中让宝宝自己吃，都是一道很棒的主食或点心。

茄汁肉酱贝壳面

材料

绞猪瘦肉	30克
洋葱	30克
番茄酱	1/2大匙
莲藕粉	1/2小匙
贝壳状意大利面	1/2杯
去油高汤	1杯
芥花油	1.5小匙
橄榄油	1小匙

做法

(1) 水烧开，加少许盐，将贝壳面煮约10分钟，熟软后捞起、沥干水分，趁热拌入橄榄油备用。

(2) 将绞肉用少许油和莲藕粉搅拌均匀；洋葱切丁。

(3) 热油锅，先将洋葱爆香炒至软，再将猪肉放入炒至散开且表面变白，加入番茄酱略炒香后加入高汤煮10分钟即可熄火。

(4) 将番茄肉酱淋在煮好的贝壳面上拌匀即可。

饺子皮汤

材料

水饺皮	50克
虾仁	2只
牡蛎	2个
鸡蛋	1个
小白菜	20克
去油高汤	1杯

做法

（1）将饺子皮切成条状，入沸水中煮熟，捞起。

（2）虾仁洗净、去泥肠、切丁。牡蛎洗净，切丁。小白菜洗净切细。蛋打散。

（3）高汤煮沸后加入青菜、虾仁、牡蛎煮开，将蛋液徐徐倒入，再加入煮好的饺子皮煮开即可。

（4）也可以用河粉、面线、面条、馄饨皮等代替饺子皮。

焗烤面包

材料

吐司	1片
鸡蛋	1/2个
牛奶	100毫升
葡萄干	1/2大匙
奶酪丝	1大匙

做法

（1）将吐司去硬边，切成小丁，放进烤盘内。

（2）鸡蛋及牛奶搅匀，倒入吐司中，连同葡萄干一起拌匀，让吐司充分吸附蛋奶液。

（3）洒上奶酪丝，放入预热烤箱中，以170 ℃烤约10 分钟至奶酪溶解，颜色微微焦黄即可。

橙汁鲑鱼

材料

鲑鱼肉	30克
红甜椒	10克
玉米粒	10克
甜橙	1个
芥花油	2小匙

做法

（1）将甜椒切丁；甜橙对切后用橙子榨汁器榨出汁液。

（2）热油锅，放入甜椒、玉米粒炒至熟软，盛入盘中。

（3）再将鲑鱼小火煎至两面呈金黄色，加入橙汁烩一下即可起锅，放入已煮好的蔬菜盘中。

第5章

宝宝成长的变化
与教养问题

老一辈的人常讲"七坐八爬九发牙",大意是宝宝7个月左右开始会坐,8个月会爬,9个月长牙齿,每个孩子的成长都有一定的进程,你是否发现家中的小宝贝在不知不觉间,好像忽然长大又懂事了? 不但会热烈地拥抱以及亲吻你,还会咿咿呀呀的说个不停了呢,一步步把他的成长记录下来,可是爸妈和孩子最珍贵的礼物喔!

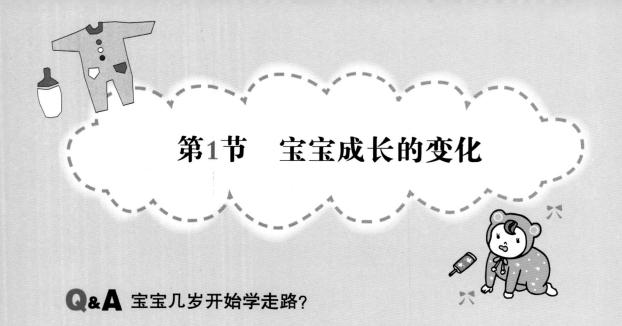

第1节　宝宝成长的变化

Q&A 宝宝几岁开始学走路？

　　每个宝宝的成长和发育时间不一样，所以几岁开始宝宝应该已经会走路呢？这个问题是没有标准答案的，不过一般来说，1岁的宝宝应该开始会摸索着学走了，只要让他扶着家具，通常都可以慢慢学步行，甚至有些孩子从11个月左右就开始学走喽！原则上并不建议爸妈们太早让孩子学走路，毕竟他的骨骼还没发育完善，很容易摔得鼻青脸肿，而且医学上也发现，学爬的宝宝有助于脑力发育喔，所以不要拔苗助长了，让他自然长大吧！

你知不知道宝宝是从什么时候，渐渐地学会各种动作及语言呢？几岁学说话是正常的？怎么知道他有没有发育迟缓呢？在宝宝的成长月历里，可以清楚地了解从新生儿到宝宝上学前，各个时期的行为发展，让你对宝宝有更充分的了解，也可以及早发现问题的所在，让宝宝健康、快乐地成长，同时充分地发挥他们的潜能。

一、如何知道宝宝的成长是否正常？

等到宝宝开始长大了一点，爸妈就开始担心宝宝的成长了，担心他是不是长得比别人慢？会不会太瘦？长得够高吗？反应和智力的发育正常吗？这种种的疑虑，应该是全天下父母的烦恼吧！

尤其是进入厌奶期或是开始学走路的宝宝，因为宝宝吃得少而动得多，体重和身高的成长都会比原先缓慢，这是正常现象，爸妈们不用过度担心。适时的对照一下宝宝健康手册上的成长表格，看看宝宝是落在哪个百分比位置，只要不低于3%，或是落差不是一下子下降很多，都属于正常现象，而且成长曲线也是仅供参考的喔！也会因为每个宝宝的身体和状况不同而有差异，妈妈们不要将其当作唯一的根据。

在这章里我们会大略介绍一下宝宝的成长和学习的情形，给爸妈做参考，如果宝宝出现异常的成长迟缓，建议到医院请教医生才是最妥当的做法。

二、宝宝成长情况参考值

宝宝的成长情况参考值见后面的表格。

宝宝的成长对照表

指标	百分位	性别	新生儿	1个月	2个月	3个月	4个月	5个月	7ⁿ
体重	3百分位	男	2.5kg	3.4kg	4.4kg	5.1kg	5.6kg	6.1kg	6.
		女	2.4kg	3.2kg	4kg	4.6kg	5.1kg	5.5kg	6.
	50百分位	男	3.3kg	4.5kg	5.6kg	6.4kg	7kg	7.5kg	8.
		女	3.2kg	4.2kg	5.1kg	5.8kg	6.4kg	6.9kg	7.
	97百分位	男	4.3kg	5.7kg	7kg	7.9kg	8.6kg	9.2kg	10.
		女	4.2kg	5.4kg	6.5kg	7.4kg	8.1kg	8.7kg	9.
身高	3百分位	男	46.3cm	51.1cm	54.7cm	57.6cm	60cm	61.9cm	65
		女	45.6cm	50cm	53cm	55.8cm	58cm	59.9cm	62.
	50百分位	男	49.9cm	54.7cm	58.4cm	61.4cm	63.9cm	65.9cm	69.
		女	49.1cm	53.7cm	57.1cm	59.8cm	62.1cm	64cm	67.
	97百分位	男	53.4cm	58.4cm	62.2cm	65.3cm	67.8cm	69.9cm	73.
		女	52.7cm	57.4cm	60.9cm	63.8cm	66.2cm	68.2cm	71.

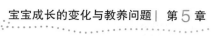

个月	1岁	1岁3个月	1岁6个月	2岁	2岁6个月	3岁	4岁	5岁
2kg	7.8kg	8.4kg	8.9kg	9.8kg	10.7kg	11.4kg	12.9kg	14.3kg
6kg	7.1kg	7.7kg	8.2kg	9.2kg	10.1kg	11kg	12.5kg	14kg
9kg	9.6kg	10.3kg	10.9kg	12.2kg	13.3kg	14.3kg	16.3kg	18.3kg
2kg	8.9kg	9.6kg	10.2kg	11.5kg	12.7kg	13.9kg	16.1kg	18.2kg
.9kg	11.8kg	12.7kg	13.5kg	15.1kg	16.6kg	18kg	20.9kg	23.8kg
.4kg	11.3kg	12.2kg	13kg	14.6kg	16.2kg	17.8kg	21.1kg	24.4kg
7cm	71.3cm	74.4cm	77.2cm	82.1cm	85.5cm	89.1cm	95.4cm	101.2cm
6cm	69.2cm	72.4cm	75.2cm	80.3cm	84cm	87.9cm	94.6cm	100.5cm
cm	75.7cm	79.1cm	82.3cm	87.8cm	91.9cm	96.1cm	103.3cm	110cm
1cm	74cm	77.5cm	80.7cm	86.4cm	90.7cm	95.1cm	102.7cm	109.4cm
2cm	80.2cm	83.9cm	87.3cm	93.6cm	98.3cm	103.1cm	111.2cm	118.7cm
7cm	78.9cm	82.7cm	86.2cm	92.5cm	97.3cm	102.2cm	110.8cm	118.4cm

宝宝的成长月历

年　龄	动　作
新生儿	*四肢呈现屈曲，会左右转动头部 *趴着或是抱起来的时候颈部软趴趴的，头会垂下来 *有明显的抓握反射以及惊吓反射
1个月	*双脚会略微伸展 *趴着的时候，头部可以稍微抬起离开床面一下
2个月	*抱着的时候，比较能抬起头而不垂下来 *趴着的时候，头部可以抬着维持在水平的角度上
3个月	*双臂可以自由地伸展开来，手掌能自然地张开，不再一直紧握；会朝向靠近的物体或玩具伸出手去拿，但是拿不久，一会儿就会松开 *趴着的时候，头部会抬得比身体的水平高 *抱着的时候，头部可以维持得比以前直一些，但是仍然偶尔会有些不稳的晃动
4个月	*抱着的时候，宝宝的头部能够抬得很好 *这时候的宝宝会喜欢被抱着坐起来；当被抱直立的时候，宝宝会踢脚
5~6个月	*这时候的宝宝慢慢开始能翻身，通常先能从趴着的姿势翻成仰卧，然后才会从仰躺的姿势翻身成为趴卧 *趴着的时候会用手掌支撑，抬头离开水平维持约5秒钟 *可以靠着枕头或椅垫的支撑坐着 *会把玩具在两手之间左右交替着拿
7~8个月	*躺下的时候会把头抬起来，可以轻易地翻身；会自己从仰躺或趴卧的姿势坐起来 *趴着的时候，宝宝开始会用肚子着地的方式，匍匐前进 *会用手掌拿取较小的玩具
9~10个月	*可以自己坐得很稳，放手拿玩具，不用手支撑地面也不会倾倒 *能够肚子离开地面，用膝盖和手掌支撑爬行 *可以用手扶着家具站立 *会想要捡回掉落的物品 *去拿宝宝手中的东西时，他可以松开手释放物品

感觉与认知	社会性反应	语言发展
∗眼睛会注视光源	∗比较喜欢看人的面孔	
∗会看着人，视线会稍微追随着移动的物体或玩具	∗宝宝自己会有微微的笑，会跟着妈妈以及照顾者的声音节奏来移动身体	
∗视线会180°的追随着不出声、移动的物体或玩具	∗宝宝在被逗弄的时候会对着你笑；会聆听妈妈以及照顾者的声音，并会发出"咕""唔"等声音来回应	
∗会移动身体逃避不喜欢的触碰 ∗面对面时会持续注视人脸，表现出对人的兴趣	∗宝宝会聆听音乐的声音，也开始会自己发出"啊"或"嘎"的声音	
∗能看到颗粒状的物品，但还不会用手去捡取	∗这时候开始会笑出声音了！当宝宝看到奶瓶或其他食物的时候，会有兴奋的表现	
∗宝宝会主动接近熟悉的人 ∗听到玩具或手摇铃的声音，会转头寻找	∗当妈妈或是熟悉的照顾者离开的时候，宝宝会有不安、不高兴或是生气的表情出现	
∗会喜欢看镜子里反射自己的影像	∗宝宝会黏人，表现希望被熟悉照顾者抱的期待神情与姿势，比较不喜欢妈妈或熟悉照顾者以外的人接近 ∗喜、怒、哀、乐的表现越来越明显	∗这时对着宝宝说话的时候，宝宝常常会像是要与你对话一般地发出多音节的牙牙学语声
∗如果把宝宝看到的物体或是玩具用布遮盖的时候，宝宝会翻开布，去找寻被盖住的玩具 ∗玩躲猫猫的游戏(照顾者把脸遮住，然后突然出现)，宝宝会明显的寻找、期待、开心地笑	∗对于听到熟悉的名字或称谓会有反应	∗宝宝会发出"DADA"或是"MAMA"的重复音，并且在不久之后宝宝就会说出他的第一个字

续表

年　龄	动　作	感觉与认知
1岁	*会自己从躺着到坐起，或者是从坐姿站起来；可以扶着家具，或是让照顾者牵着一只手走路 *宝宝开始会用他的拇指和食指来捡取颗粒状、较小的物品（例如糖果、纸团等） *可以把手中的东西松开手交出来给爸妈	*爸爸妈妈在帮宝宝穿脱衣服的时候，宝宝的肢体会配合爸妈的动作
1岁3个月	*宝宝自己跨出人生的第一步 *开始可以手脚并用地匍匐姿势爬上楼梯	*会堆叠起3块积木，还会把颗粒状的物体放入容器中；宝宝可以用彩色笔画线条出来
1岁6个月	*不需要扶也能由坐或躺站起来 *可以自己坐在小椅子上 *这时宝宝可以让大人牵着手上楼梯了 *宝宝会喜欢去翻抽屉或垃圾桶里的东西，所以家中的小东西（如药瓶等）都要收藏好，避免小宝贝误食	*会堆叠起4块的积木，还会把颗粒状的物体从容器中倒出来 *宝宝会用彩色笔乱涂鸦，画出直线条 *表现出对外在世界的好奇，喜欢在熟悉的环境里四处探索
2岁	*这时的宝宝已经会很稳地自己跑步了 *稍微扶着，能蹲下去或弯腰捡起地上的东西，然后站起来 *可以一次一步地上下楼梯，会自己爬上沙发等家具 *宝宝会去帮忙开门，做小帮手	*可以把6~7块积木给堆叠起来 *会用彩色笔画歪歪斜斜水平线条 *开始学习折纸

社会性反应	语言发展
* 宝宝这时已经能听得懂简单的日常生活用语，会顺从妈妈以及照顾者的姿势或口令 * 会挥手做"再见"的动作	* 宝宝可以说出"MA MA，DA DA"以外的1~3 个单字
* 宝宝会用手指出他想要的东西 * 可与爸爸妈妈有玩的默契，例如:大人说"炒萝卜"，宝宝会做出学习过的"切切切"动作来配合 * 宝宝已经会热情地拥抱爸爸妈妈或是其他熟悉的人 * 看到医生或陌生人会大哭	* 已经会叫熟悉物品的名字（如花、碗、杯） * 会说一些不容易听得懂的童言儿语
* 宝宝可以自己拿食物来吃 * 开始会模仿并使用类似生活用品的玩具，这时可以开始教宝宝用小牙刷跟着家人一起刷牙，当成是游戏一般，减低日后对刷牙的排斥 * 宝宝这时也会模仿看到及听到成人的言行，所以家中大人的言行要做一个好榜样，最好避免宝宝看不适合的电视剧 * 当宝宝有困难的时候，或衣服弄脏、尿布湿了，会去找爸爸妈妈或是照顾者来帮忙 * 这时候的宝宝会噘着小嘴甜蜜地亲吻爸爸妈妈，也最喜欢被称赞、赞同或是鼓励，他们会有快乐的反应，所以不要吝于表现你对宝宝的爱意，让小宝贝能学习到家人之间的亲密与信任感	* 平均而言，这个年龄的宝宝会说出5~10个单字(例如猫猫、车车)，可以认识图片上的物品(例如香蕉、鱼)，同时也会叫出1~2个身体的部位名称
* 可以让宝宝用自己专用的餐具吃饭，用餐时间尽量固定，也不要限制在太短的时间内吃完饭。建议你在地面铺设一张报纸，这样一来，就可以安心享受与小宝贝一同用餐的乐趣，也不会因为要收拾善后而影响用餐时的心情 * 在照顾者的陪同之下，已经较能安静地让医生检查身体	* 这个年龄的宝宝已经会说40~50个的单字，也会说2~4个字所组成的短句子(例如我要气球)

续表

年 龄	动 作	感觉与认知
2岁		
2岁6个月	*可以用双脚交替着走上楼梯	*玩积木时，已经会把9块的积木堆叠起来 *能用笔画出直线及横线，但还不太会画十字交叉
3岁	*这时候的宝宝已经会学习骑三轮车 *可以短暂用单脚站立，会双脚离地跳跃，不需扶着东西就能蹲下玩玩具，然后自己轻松地站起来	*可以把10块积木堆叠起来，也可以用3块积木堆砌做成桥 *宝宝已经会用彩色笔画圆形以及十字交叉的图案
4岁	*会单脚跳，或在游乐设施上爬上爬下地玩 *会将球举高过肩，然后丢出去 *会使用剪刀剪裁出图形	*会用彩色笔画出正方形图案，也会画人的图形(包括头及2~4个不同部位) *会用5块积木堆砌成拱门的形状
5岁	*这时候的小朋友常会喜欢轻巧地跳来跳去玩耍，所以要注意环境的安全 *宝宝可以自己穿上以及脱下衣服	*会画三角形的图案 *知道并可以说出手上的物体哪一个比较重，哪一个比较轻

社会性反应	语言发展
• 宝贝时常会兴奋地来向你报告刚才发生的各种事情，透过孩子童真的眼光，会让你的生活充满了惊喜；宝宝开始会听故事了，所以你可以准备几本绘有鲜明图片的故事书，给宝宝讲故事，还可以培养亲子之间的默契	*可以叫出5个身体的部位名称以及两个以上熟悉照顾者的称谓，会有想要讨好或是引起照顾者注意的行为
• 这时的宝宝会想要帮忙你，所以可以在宝宝的能力范围许可之下，让他帮忙，并多鼓励、称赞他，这样会让宝宝很有成就感	*会用"我"来称呼自己 *知道自己的全名
• 能短暂地根据指令或遵守规矩去做一些事(例如洗手等) • 可以和其他小朋友一起玩简单、轮流、有先后规则的游戏（如滑滑梯等） • 会自己穿脱衣服及鞋子	*宝宝这个年纪已经有男女性别不同以及年龄大小的观念 *会重复数3个数字或可以说6 个字的语句，也会一问一答的与人对话 *能在指导下说"请""谢谢"以及"对不起" *能用姿势或是用语言来回答"会不会""是不是"或者"可不可以"的问题
• 宝宝会自己上厕所了 • 会与其他小朋友一起玩办家家酒的游戏	*会简单地数钱币(例如算1~4个1元硬币) *可以自己讲一个完整的故事给别人听
• 宝宝这时会开始有告状、嘲笑或说他人不是的行为，你应该尽量用理性的角度处理，教导孩子正确的观念 • 会玩有竞争性的游戏 • 知道并可以遵守在公共场所的简单规矩 • 小朋友这时候最喜欢问问题，问字词的意义等	*会说出4种颜色 *可以讲完整的、较长段的语句 *能说出自己喜欢的朋友、故事或者是节目名称 *会数到10 个左右的硬币

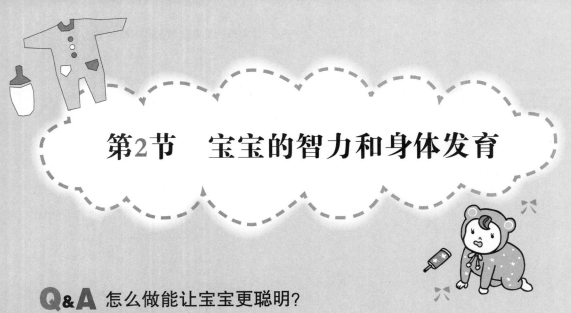

第2节 宝宝的智力和身体发育

Q&A 怎么做能让宝宝更聪明？

宝宝的IQ 是多少？可不可能成为小天才？智商高低是很难预测的，也很难加以定义。假如你仅从智力测验的得分来看智力的话，根据统计，老大的智力通常比弟妹要高，在一些大家庭里，尤其是那种孩子年龄差距很小的，随着排行，每一个孩子的智力平均都比前一个要低几分，真正的原因目前还找不出答案，或许和母亲怀孕期的营养有关，不过现在的家庭孩子都生很少，这个问题自然比较不受到重视。

宝宝长得再可爱、再讨人喜欢，总会有行为不符合你预期的时候。一个刚出生没有受过任何教导的宝宝，要他循规蹈矩简直是不可能，所以，对于宝宝管教自然是理所当然的。虽然对你来说，要怎么管教宝宝是个大问题，但你有没有想过，对宝宝来说，你的管教也可能让他觉得困惑，尤其是当你和另一半，或是家中其他长辈有不同的意见时，宝宝就会无所适从，早点找到适合他的管教方式，可是养育上的重大责任喔！

一、如何了解宝宝的情绪反应？

"教养、教养"，说真的，教确实比养难多了，许多人都误以为婴儿是没有情绪知觉的，但是其实越来越多的研究显示， 1岁以内的婴儿还是有情绪的喔！不只是生理反应而已，婴儿可是有气质的，与父母互动频繁而良好的孩子，他的正向情绪比较多。

比较适当的管教方式，应该是努力去了解宝宝行为的背后原因，你要做的，是帮助他分辨什么是好的，什么是坏的，最好可以以身作则，因为幼儿的学习模仿能力非常强，说一百次不如做一次给他看，给宝宝良好的示范，他就容易学习好的行为举止。

二、几岁是婴儿的智力开发黄金时期？

当宝宝到1~2 岁时，他已经会用简单的词汇表达要求，会说出自己的名字、会说3~4个字组成的短句，也喜欢跟大人说话，这个时期，宝宝大脑的重量已达900克，是初生时的2倍多，记忆力和注意力开始形成，宝宝学会走路、学会说话，是智力开发的关键时刻。

1. 年龄：1个月

重点：记忆和视觉能力开发、奠定语言基础。

说明：1个月大的婴儿睡觉的时间比较多，醒的时候比较少，而且醒的时候不是吃就是大小便。所以你可以在喂完宝宝后，在宝宝安静时给他一些感官上的刺激。

这个时期的宝宝由于视觉尚未发育完全，所以不太能够认颜色，看到的东西是黑白的，你可以拿黑白的照片或是画，放在距离宝宝眼睛约20厘米地方让他看，培养宝宝的记忆和视觉上的能力。

除了给宝宝看画外，你也可以用自己的脸和有声音的小玩具吸引宝宝的注意，可以边玩边移动头部或做各种表情来训练宝宝的专注力和模仿能力。另外，尽量跟宝宝说话，为他打下深厚的语言表达根基。

2. 年龄：2个月

重点：发展游戏（体能、语言、认知力）。

说明：已满月的宝宝醒着的时间比刚生下来的时候多，脸部也比较有表

情，小手小脚没事也会动来动去，所以对这个时期的宝宝来说，除了继续给他视觉和听觉刺激外，还可增加一些游戏来锻炼宝宝的体能等。

你可以在床上垫一些毛巾或薄被，让宝宝趴在床上，然后拿着会发出声音的玩具（如小摇铃等），一边摇一边叫着宝宝的名字，吸引宝宝抬起头来看。这个游戏可以锻炼宝宝的背部、手臂、颈椎等处肌肉。另外，你还可以试着把你的食指放入宝宝的手心让他抓握，然后抽出，如果宝宝可以把你的手指紧紧地抓住，你就可以开始试着把手往上提高。抓握东西是宝宝的本能反应，出生时就有了，通过游戏可以进一步锻炼宝宝的抓握能力和手脑协调能力，对促进大脑发育相当有帮助。

在这个阶段里，语言能力的发展正不断持续着，所以你可以趁天气好的时候抱着宝宝外出散散步，让他感受一下外面的环境，然后你通过介绍周围环境的事物多和宝宝说说话，这样不但可以增进亲子间的亲密度，也可以刺激宝宝语言能力的发展。

3. 年龄：3～6个月

重点：各项发展游戏。

说明：医学报告指出，宝宝出生后3个月起到6岁，脑部是高速成长期，在此之后就非常缓慢了。所以3个月开始可以说是宝宝的学习黄金时期，你一定要把握这段时间，多给宝宝在游戏中学习的机会。

满3个月的宝宝头围增大了，脑力更是快速增长，他们什么都想学，视觉、手的抓放能力都进步了；会玩躲猫猫，也会对镜子微笑了，以下有几项游戏，可以陪着宝宝一起玩，以促进宝宝的各项发展。

（1）看移动物品。让宝宝观察快速滚动的小球，或其他移动的物体，如各种电动玩具车、小火车、街上的行人、汽车、正在飞的小鸟或飞机、在玩耍的小孩等，这些不但能训练宝宝的注意力，也可以扩大宝宝的视野和认知范围。

（2）玩躲猫猫。拿一条大手帕蒙住自己的脸，然后问宝宝："妈妈怎么不见了呢？"为引起宝宝的惊奇，当宝宝去找时，妈妈就拿下脸上的手帕，宝宝都很喜欢这样的游戏。不过要注意的是，当你用手帕蒙住脸的时候，一定要和宝宝说话，让他知道你在身边，避免宝宝因为看不到妈妈而大哭。躲猫猫游戏让宝宝认知到，看不到的东西其实还是存在的，于是会去寻找，拉开手帕探索，这样可以引导他主动发掘身边的事物。

（3）照镜子。让宝宝认识身体各个部位的名称，有助于他在日常生活中学习。如果宝宝对自己的身体部位愈了解，愈能建立自我概念，可以透过照镜子的游戏，让宝宝很快认识自己。

（4）跳、踢动作。经常让宝宝跳、踢球，让下肢自由活动，有利于将来坐及爬的学习，你也可以让宝宝在你的腿上跳来跳去，借此锻炼宝宝下肢的力量，为站立做准备。宝宝在跳跃时可以锻炼脑部的平衡及前庭区的发育，对于以后做有关平衡的活动有很大的帮助。

4. 年龄：7～11个月

重点：各项开发智能游戏。

说明：满6个月的宝宝已经可以坐得很稳，也会翻身了，宝宝的手更加灵巧，能轻易地用手抓东西往嘴里放；这个时候的宝宝已经可以不断地记得新的事物，也会模仿大人做一些动作，像是再见时会说"拜拜"等。

在这个阶段你可以训练宝宝翻滚的技巧，拿玩具诱导，把玩具放在一侧使宝宝侧翻，然后让他从侧翻变成俯卧，再从俯卧变成仰卧，最后学会连续打滚，滚动能锻炼前庭和小脑的平衡。

另外，要宝宝做一些精细的动作可以促进大脑功能发育与手、眼的协调，如教他用拇指和食指拿取细小的物品，不过要注意，在练习这样的动作时，你一定要在旁全程看护，以免宝宝将这些东西放入嘴里。

8～11个月大这段时间属于宝宝的学步期，当他从能腹部离地爬行到扶着东西站立，到自行跨步决定自己的前进目标时，就迈入了另一个智慧阶段。学会用四肢爬行的宝宝，已经能有效地应用四肢支撑的力量了，很快就能扶着东西站立。让他爬上爬下可以锻

炼足部、手腕肌肉与关节，刺激脑部发育。

手指的应用也能刺激脑部发育。平时给宝宝拿汤匙或有握把的杯子，或拿些葡萄干、纽扣等小东西，在你的视线范围内给宝宝抓一抓也可以。训练宝宝拿汤匙不但能促进脑部发育，也能让他享受用餐的乐趣。

这个时期的宝宝认知能力发展很快，已经学会听声指物，问他一些他所熟悉的东西或图片时，他已经可以正确地用手指指出来了。

5. 年龄：12个月

重点：各项发展游戏。

说明：恭喜你，宝宝满周岁了，你的教养大计又向前迈进了一大步，这个时期的宝宝大部分都能独自站立，有些宝宝甚至已经可以扶着东西慢慢前进了。学会走路的宝宝开始四处走动，所以发展空间也从此开始扩大，随着活动范围的增加，真正的智能发展也开始萌芽。

研究报告指出，给宝宝活动的空间越宽广，刺激脑部的机会就越多，发挥作用的能力就越佳，到了3~4岁时智能就越好。所以不要让宝宝在杂乱的空间或玩具太多的房间内活动，这样会妨碍他的探索，影响智能发展。

满周岁的宝宝虽然已经会走了，但是手脚尚不灵活，一定要不断重复练习，不要限制任何宝宝可练习走路的机会，让他自己走，不要老是牵着宝宝的手走，不过要注意周围环境的安全，注意家具是否有尖锐的角及边缘，危险物品一定要收好。

前面一再提到，手的功能发展可以促进大脑的发育，这个时期的宝宝，观察能力与手脑协调能力已经有了一定的进步，所以，你可以试着让宝宝进行一些较为复杂的手部活动，例如，让宝宝看着你拆装手电筒的电池，然后让他自己动手做一遍，你可以通过类似的活动不断地培养宝宝的观察力、专注力及训练手部操作的灵活性。

6. 训练宝宝的语言和脑部发展

由于语言的发展，宝宝进入了智能发展的阶段，你可以开始教他看图书，通过讲故事、唱儿歌，加强他的注意力、记忆力，还有观察事物的能力，并展现出最初的思维想象，你应该趁着这个时候进行多方面的教育和训练，让宝宝赢在起跑点上。

（1）粗动作与细节动作的训练。1岁的宝宝已经可以独自行走了，但有时候还是没有办法保持身体的平衡，所以你可以在他刚学步时，用他喜欢的玩具来吸引他。等到宝宝可以自己行走后，可以跟他一起玩捉迷藏等游戏，或是把球丢到远处，再叫宝宝捡回来。通过这样的小游戏，可以训练宝宝的蹲、走、拾物等动作，对于手眼协调及脑部的发育都很有帮助。

另外，试着让宝宝钻桌子、钻父母的两腿中间，宝宝会很喜欢。反复钻来钻去可以帮助宝宝发展方位知觉、扩大他的立体视野。不断地训练宝宝各种复杂的动作，促进大脑的发育，会使宝宝更加灵活，以后才可以参加复杂的活动。

（2）语言能力的训练和培养。1岁左右，宝宝就开始学习说话，由于掌握的字词并不多，因此，你要利用一切机会，教宝宝在认识周围物品的同时，顺便教他认识字词。建议你在刚开始的时候，可以用简单的叠字引导宝宝学习，像手手、帽帽、饼饼等，然后再逐渐地教他正确的用法，像帽子、饼干等。

等到练习一段时间之后，慢慢地升级到长一点的词汇，或是短一点的句子。一定要训练宝宝学会说完整的句子，例如看到一只小狗，你可以问宝宝这是什么？宝宝如果回答："猫。"你就要教导他说："这是小狗。"然后试着让宝宝重复地的说。就像我们学习外语一样，一定要学会讲一个完整的句子，日后才能在生活中把语言和事物、动作结合起来，充分地运用语言。

（3）增进宝宝的认识能力。可以从内而外、由远而近让宝宝认识室内的事物，然后让宝宝走出门去，认识社会和自然界的事物。促进宝宝大脑的发育，增长知识是重要的一环，宝宝接触得愈多，知识也就愈广。建议你可以有目的地培养宝宝的观察能力，拿一个洋娃娃，教宝宝认识娃娃：从头部开始，有眼睛、鼻子、嘴巴等，身体部分，有手、脚、腿、屁屁等，这样的训练可以让宝宝对娃娃有整体的印象，并有分析的能力。

你也可以带着宝宝熟悉各物品的名称，并反复练习说话，例如在吃饭时教宝宝各种食物或餐具的名称，从生活中认识这些物品的特点。

建立数的概念：给宝宝糖果或饼干时说："给你一个，给妈妈一个。"然后重复说："你一个，我一个。"并让宝宝反复念。

（4）培养品德和行为习惯。教宝宝学习分享，会把玩具拿出来跟其他的小朋友一起玩。在家的时候，有东西吃要分享给爷爷奶奶、爸爸妈妈，或是其他兄弟姊妹，等到会说话时，还要教导他学习礼貌，别人给东西时要说"谢谢"，撞到人要说"对不起"，出门时要说"再见"等。

三、宝宝有不良行为时该怎么办?

每个宝宝或多或少都有闹脾气或是哭闹的时候,他又不会用言语表达,遇上急躁的爸妈甚至会责打孩子来管教,可是你愈急愈气,他往往哭得愈严重,下面提供一些小方法,试试看是不是管用。

1. 面对发脾气的宝贝,你要更冷静

几乎所有宝宝都会闹脾气,面对宝宝发脾气,你一定很苦恼或生气。在这里告诉你一个处理的小诀窍,那就是"冷静"。宝宝发脾气时不要理他,走开去做自己的事,表现出不在意的样子,但不是放任不管,当宝宝发完脾气了,你要给他一个台阶下,并适时地加以引导,可以建议宝宝玩点有趣的东西,转移注意力,然后抱抱他表示安慰。

教导小技巧

宝宝发脾气的原因可能有很多,最好按不同的情况做不同的处理。具体的分析发脾气的原因,如果是父母的错,一定要勇于认错并改正;如果是身体不舒服,就尽快解决;如果是要引起你的注意、反抗或要挟,那就千万不要让步,几次下来没有奏效,宝宝就会慢慢放弃用这样的方式来处理情绪。要切记的是,不要用东西哄骗,也不要恐吓及打骂。

另外,还有一点很重要,要为宝宝树立好的榜样,婴幼儿的行为受到父母的影响很大,如果你经常对宝宝或别人发脾气,他自然会跟着模仿。

2. 宝宝爱哭泣,往往是有原因的

哭泣其实是刚出生的宝宝维持生命不可或缺的一种对外沟通的方式,当宝宝大哭时,你一定会认为宝宝是哪里不舒服,宝宝一定想要什么,你可以先从几点来观察,找出宝宝哭的原因。

问题列表

□ 尿布是不是湿了?

□ 会不会太热?

☐ 会不会太冷？

☐ 身体哪里痛？

☐ 有没有发热，是不是生病了？

☐ 是不是肚子饿了？

☐ 是不是想睡了？

不过有时候让人头痛的是，尿布也换了、奶也喂了，宝宝还是照样大哭特哭，然后你没有想太多，就先把宝宝抱起来了。宝宝被人抱着的时候很舒服，所以会养成赖着人的习惯，宝宝也知道他一哭你就会抱他，所以会用哭泣这招来威胁你，所以应该找出宝宝哭泣的原因，尽量用别的方式安抚他，不要让他养成不好的习惯。

教导小技巧

有的宝宝身体被毛巾紧紧包住，抱在大人怀里时会有安心感，有些宝宝则会受到玩具引诱而停止哭泣，或者是让宝宝吸手指或安抚奶嘴等，都可以让他调适心情。

但是有时候不管怎么做，宝宝还是照样哭个不停，建议是，只要别太忽略宝宝，让他稍微哭一下是不会有问题的。只要以平常心对待宝宝哭泣的事，等到宝宝大一点的时候，这种情况自然就会好转。

3. 宝宝爱尖叫，其实是有话要说

有很多妈妈抱怨，他们的宝宝很爱大声尖叫，不知道该怎么办？其实，因为宝宝还不会用语言和别人沟通，所以有什么想要的东西，就只好发出高分贝的尖叫声，表达他的需求。

教导小技巧

妈妈们不用太紧张，等宝宝大一点时，他就会说话，表达自己的需求了，状况就会改善。下次当宝宝发出尖叫声时，可以试着问他，是不是要什么呢？如果是，请马上回应他的要求，应该就可以慢慢平息宝宝爱尖叫的问题了。

4. 爱吸手指，是心灵的安定剂

吸吮手指对于婴幼儿来说，是心灵的安定剂，每个宝宝或多或少都有这样的习惯，透过吸、舔的动作进行自我确认，或是消除不安和情绪不稳。这种情

形会持续多久目前并没有定论，因人而有差异，虽然很多父母担心吸手指的力道愈来愈大，会影响到牙齿咬合和下颚的发育，但并不是所有吸手指的孩子都有咬合不良的问题。

教导小技巧

不必勉强他戒掉，建议你可以试着给他玩具让他排遣寂寞，时间一长，他或许就会忘记吸吮手指了。总之，等到他大一点的时候自然就会戒了，不用过度担心。帮宝宝养成良好的生活习惯，发展他的独立性，可以减少宝宝的焦虑感和对成人的依赖性，对改善吸手指的习惯很有帮助，千万不要强行把宝宝的手指抽出来，或是打他，在他的手指上涂辣椒，这样反应就过度了。

5. 耍赖不听话，请你试着走开

相信你一定看过这种场景，在百货公司或是超市里，只要不买给宝宝想要的东西，他就会耍赖，甚至坐在地上大哭大闹。其实小朋友很聪明，他一面哭一面衡量与父母之间的角力关系，所以只要你心软妥协买给他的话，这样的把戏就会不断上演。

教导小技巧

最好的方式是赶快离开现场，这样宝宝会以为你不管他了而心生不安，就会跟着你离开了。到百货公司或是出外买东西时，一定要先对宝宝讲好要买什么给他，不管他怎么哭闹，不该买的东西就不要买，一定要表现出坚持到底的态度。

6. 宝宝爱挑食，你要更有耐心

身为父母，总会考虑营养均衡的问题，想为宝宝调制爱心特餐，所以一定会想办法让宝宝吃下去，可是这种一厢情愿的想法，对宝宝是行不通的。吃饭的时候，最重要的就是要开开心心，千万不要太过要求严格，强迫孩子就范。

饮食方面，3岁以前的宝宝最需要你的协助，你要趁着这段时间培养宝宝的好习惯，对于宝宝撒娇的心态也要耐心接受，因为与其担心宝宝会不会好好吃饭，还不如好好抱抱他，给他安全感。

教导小技巧

如果想给宝宝吃某样特定的东西，可是几次下来宝宝都不吃的话，建议你可以换个处理方式，增加一点变化，或是先换别的食物试试看，有时候过了一段时间，宝宝自然而然就会接受，愿意吃了。

四、何时开始训练宝宝自己大小便？

宝宝在18个月大以前，不适合开始做大小便的训练，18个月以前的宝宝基本上还没有控制大小便的能力，有些父母会把年纪还很小的宝宝放到便盆上去坐，假如刚好宝宝大便了，就认为是一次成功的大小便训练，这是不太可能的。

1. 训练宝宝自己小便的习惯最好从1岁半开始

在这个时间以前，可以的话就慢慢培养，不行的话也不用太过心急。在训练过程中，你要耐心地给宝宝时间，不要以为练习一两次他就该学会了，如果宝宝不小心弄湿了裤子，也不要发脾气，千万不要表现出着急或厌恶，要根据幼儿的发展情况来练习，不要让他感到紧张或痛苦，以免影响了他的学习。

宝宝2岁左右，他就可以意识到要大便的感觉，这时候你可以开始教他便盆是什么，是做什么用的，然后把它放在宝宝方便使用的地方，夏天时，你可以让宝宝光着下半身，不穿衣服或尿布，当宝宝想大便的时候就提醒他便盆在什么地方，让他自己去使用便盆。

另外，你也可以试着在宝宝吃饱之后，让他到便盆上去坐一下子。让宝宝习惯坐在便盆上，绝对有助于大小便的训练，每次换尿布的时候，不妨让宝宝在便盆上坐个1～2分钟，或者你在上厕所时，也可以让他在旁边陪你，坐一会儿便盆。

2. 选择适合的便盆

一个好的便盆，大小要刚好托住幼儿屁股，男宝宝的便盆，前面需要高一点，避免尿到外面。幼儿能否乖乖坐在便盆上，就在于坐便盆时舒不舒服，有些妈妈为了省钱，买大一号的便盆可以使用久一些，但由于圈口过大，宝宝坐在上面会不安稳，容易陷进去，当然就不喜欢坐了。

便盆最好是单色无图案的，因为如果便盆上有可爱的卡通图案，宝宝会误以为是玩具，一直顾着玩怎么可能会专心的大小便呢？

排便训练最重要的一点，就是不要强迫训练，如果宝宝一坐在便盆上或去厕所就大声哭闹

的话，那就暂停训练吧！

五、要让宝宝侧睡还是仰睡？

适当的睡姿，绝对是良好睡眠的保障！尤其是新生儿还不会翻身，他们的睡姿完全掌握在父母手上，有些人会以安全舒适为考量，让宝宝仰睡；但有些妈妈会为了头形漂亮，选择让宝宝趴着睡。其实，只要能够确保宝宝睡得舒服、安全，选择哪种睡姿见仁见智。

以下就最常见的三种睡姿做一个简单分析，供读者参考，看哪一种睡姿最适合你家的宝宝。

1. 最让宝宝放松的仰睡

仰睡就是平躺、正睡，这种姿势可以让全身肌肉放松，对宝宝的心、肺、胃肠和膀胱等器官最不易造成压迫，但有可能使舌根往后缩，会有阻塞呼吸道的危险。

【优点】

（1）身体无压迫感，自然、健康。

（2）比较不会被棉被等外物遮住口鼻而造成窒息。

（3）你可以一目了然地看到宝宝睡觉的状况。

【缺点】

（1）对新生儿宝宝来说，呼吸会比较费力。

（2）新生儿溢奶时容易回流，可能会导致窒息，严重的时候还可能引起吸入性肺炎。

（3）头形容易睡扁，也有可能影响脸形。

（4）因为没有任何束缚和支撑，宝宝会比较没有安全感。

【小叮咛】

（1）喂奶后，不要马上让宝宝平躺着睡（尤其是刚出生的宝宝），可以先让他侧睡。

（2）你可以把宝宝的手绑起来，让他比较有安全感（满月后就不要绑，以免影响手部发育）。

（3）可以使用"仰睡枕"（中间下陷），支撑宝宝尚未发育完全的颈部。

2. 有呼吸困难的宝宝适合趴睡

趴睡就是俯卧，双手举起，头偏一边，这种姿势对心、肺、胃肠及膀胱等脏腑器官的压迫较大，所以如果宝宝心肺功能不好，像是患有先天性心脏病、先天性气喘，或有肺炎、感冒咳嗽、痰多，以及扁桃体特别肿大、发炎的宝宝，就不适合趴着睡。

还有些宝宝也不建议趴着睡，像是先天肥大性幽门狭窄、十二指肠阻塞、先天性巨结肠症等有腹胀问题的宝宝。

不过要注意的是，有些宝宝却一定要趴着睡比较好，像是下巴小、舌头很大，有吞咽及呼吸困难等症状，患有罗宾式症候群的宝宝，仰睡会不舒服，所以必须趴着睡。

【优点】

（1）比较不会溢奶，可以帮助腹部胀气的宝宝排气。

（2）胸口紧贴着床铺，宝宝会比较有安全感，不容易被惊醒。

（3）头形、脸形会比较修长。

【缺点】

（1）对于较小的宝宝（尤其新生儿），如果不小心陷入太软的床垫或被子，会无力挣扎。

（2）有较多宝宝猝死的案例发生。

（3）你不容易观察到宝宝有没有异状。

【小叮咛】

（1）脐带未掉落前不要趴睡。

（2）未满月的宝宝因为还不会将头转到另一边，故不建议采此睡姿。

（3）床或枕头不宜太软，因为宝宝口鼻可能陷入而影响呼吸。

（4）不要让宝宝穿前面有装饰物的衣服睡，以免压迫会感到不舒服。

（5）刚喝完奶时，可以先让宝宝向右侧躺一下，然后再趴着睡。

（6）要买真正透气的趴睡枕。

（7）感冒或生病时最好不要让宝宝趴睡。

（8）如果宝宝睡时经常面部侧向同一边，你要注意帮他常常换边睡，否则会有影响头形和面形的问题。

3. 大多数宝宝都适合的侧睡

分为左侧睡及右侧睡，是最多专家建议的睡眠姿势。这种睡姿对宝宝各个重要器官不会过分压迫，对于肌肉的放松也较为有利。常常会看到有些妈妈不小心，喂完新生儿宝宝就让他仰着睡，溢奶时就不小心噎入气管，所以建议刚吃过奶睡着的宝宝，最好让他侧睡，比较安全。

另外，有呼吸道及心脏问题，或扁桃体特别肿大、发炎的宝宝皆可采侧睡，这样的睡姿可以帮助宝宝排痰。

【优点】

（1）向右侧睡有助消化。

（2）宝宝呼吸较顺畅。

（3）可减少溢奶或呕吐时被呛到。

【缺点】

（1）姿势没有办法长时间维持。

（2）对于还不会翻身的宝宝，你要经常帮他变换姿势。

【小叮咛】

（1）建议你可以多利用不同大小的枕头或将大毛巾卷成筒状，塞在宝宝背部以及身体与床垫之间的缝隙，用来固定睡姿。

（2）长时间睡同一边，也会让宝宝头形不漂亮，最好是每3~4小时帮他翻身一次。

（3）左右侧卧时要当心，不要把小孩的耳郭压向前方，否则耳轮经常折叠也可能造成变形。

4. 睡姿与头型关系密切

因为生产时要经过产道的挤压，所以新生儿的头型或多或少会变形，不过你不用太担心，因为头颅是由多块头骨组合而成的，由于新生儿的骨缝尚未闭合，所以在出生后可以慢慢回复或塑型。

睡姿是最好矫正头型的方法，只要你经常帮宝宝改变各种睡姿就可以了。根据统计，长期仰睡会导致后脑头型扁平，长期趴睡则会让脸比较长、额头凸出；长期侧睡同一边会导致头型歪偏。

5. 掌握黄金雕塑期

6个月大以前是宝宝头型的黄金塑造期。通常10~12个月大以后，头型就会完全固定，所以你一定掌握前4个月的时间，经常变换宝宝的睡姿，来修正宝宝的头型。

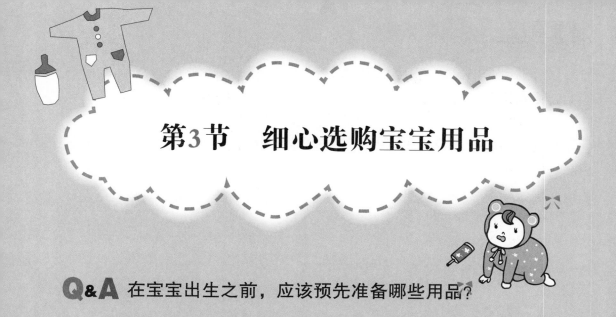

第3节　细心选购宝宝用品

Q&A 在宝宝出生之前，应该预先准备哪些用品？

　　很多新手父母都会在宝宝出生前就先购买一堆用品，可是往往到最后不是没用到几次，就是根本用不到，其实只要先买几件衣服、尿布和婴儿用品就够了。因为就算是同样足月产的宝宝，体重和身长也会有很大的差别，等宝宝出生后，再来张罗别的，这样大小才不会差太多。

　　不过，一个可以提的睡篮、汽车安全座椅、婴儿推车，以及婴儿的澡盆都是必须事先准备好的。

　　拥着刚出生的宝宝在怀中，是一种相当特殊的体验，但对于第一次生产的你，要学习的事情还有很多。在日常照顾上，要准备些什么才能让宝宝顺利地成长呢；如何创造一个安全的空间，宝宝活动时才不会受到伤害；建议你可以多咨询专家的建议，或是吸取别人教养孩子的经验，有了充分的信息，照顾孩子来就不会手忙脚乱了。

一、宝宝的生活必需品该怎么选购？

在选择宝宝用品的时候，一定要从宝宝的舒适安全来考虑，漂亮的东西不一定好用、安全。由于宝宝的成长速度远比你想象的要快，很多东西可能一小段时间就不能用了，所以建议你可以先选择最基本的东西，其他东西根据需要慢慢添购。

二、宝宝的生活必需用品

有些妈妈问，需不需要买一个宝宝监视器。建议是假如宝宝不和你睡在同一个房间，是有必要准备宝宝监视器的。另外，市面上还有一种睡眠警示器（呼吸暂停警示器），只要宝宝超过20秒没有呼吸，警报器就会响。不过，最好不要过度依赖这些电子产品，这些都是辅助之用，你还是要警觉一点，还是自己直接看护比较好。

（1）宝宝椅：可以支撑还不会坐的宝宝，不过记住使用时一定要把椅子放在地板上，不可以放在桌上。

（2）提篮（内里必须可拆下清洗）：可以让你走到哪儿就要把婴儿带到哪，相当方便。

（3）婴儿床和床垫（栏杆间距要符合标准）：要选择床的高度是可以升降的，这样比较安全的，对你的背部也比较好。

（4）婴儿浴盆：可以选用携带式的婴儿浴盆，使用起来比较方便。

（5）汽车安全椅：带宝宝搭车的时候一定要用汽车安全椅，就算生产完要把宝宝从医院带回家时也一定要用。

（6）婴儿推车：哪种推车比较好，要看天气或是你的习惯而定。一般说来，可以让宝宝平躺的推车，宝宝一出生就可以用了；四轮的婴儿车比较好推，也比较安全，可是不容易带上车；外出如果是以搭车为主，折叠的推车会比较方便。

（7）多功能背袋：手提式的袋子，可放尿布、换尿布的垫子、奶粉及奶瓶、脱脂棉花、婴儿油、湿纸巾等。

（8）婴儿背带：背带方便妈妈或爹地背宝宝出门，注意定要挑选可以撑起宝宝的脖子，较为安全。

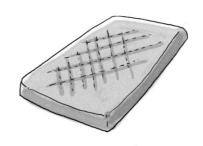

（9）床垫：建议你选用发泡制品，大小要刚好合适婴儿床，以免露出空隙，宝宝容易陷在里面，可能会有窒息的危险。

（10）毯子：你还可以准备一条可以水洗的毯子（最好准备两条）， 3~4 条棉质或毛巾布或绒质的床单，床罩要容易清洗的，最好用纯棉材质的。1 岁以下的宝宝不建议用枕头、棉被或鸭绒垫子。最好不要用羊皮质料的衣服、婴儿睡袋以及电毯、热水袋等。

三、宝宝的基本装备

建议你还是买些基本用品的就够了。宝宝出生前，你不会知道宝宝是胖是瘦、体型是高是矮，再说，新生儿的衣服大都穿不了多久就穿不下了，还不如等长大一点再买合穿的。

1. 兔子装、内衣

对刚出生几个月的婴儿来说，连身的兔子装是最基本的衣物，最好选棉质的。暗扣要在前面，袖口伸缩。体贴的兔子装应该有暗扣从胸前一直开到跨下和两腿，这样换尿布时，宝宝的腿可以很容易就从裤管拉出来。

选购重点：

· 不论对宝宝还是对你，安全和舒适是最大的考虑因素。

· 天然的材质比合成的材质舒适。

· 避免颈部有细带子的衣服或配件，以免发生危险。

· 衣服上的纽扣一定要牢固，暗扣要选容易扣上及打开的。

· 一定要买水洗、免烫、可以烘干的，这样可以省去很多麻烦。

宝宝的身体摸起来应该是暖暖的，不是潮潮黏黏的，或出着汗的。如果你发现他的头、胸、颈后摸起来潮潮的，或是皮肤热热的，那么他可能就是穿太多了。如果宝宝的手脚摸起来觉得凉凉的，即使肚子摸起来热热的，他可能还是觉得冷。

2. 帽子

在冬天的时候，不论任何时间外出，你都要给宝宝戴上帽子。因为宝宝的头会散热，尤其是早产儿控制体温的能力还没有发育好，所以一定要戴帽子。最好不要买有带子的帽子，如果帽子附有带子，一定要确定带子不会勒住宝宝的脖子，也不会太松，不会让宝宝吸进嘴里噎到；夏天的帽子要有帽檐，这样才不会让太阳直射到宝宝的脸和眼睛。

3. 袜子、手套

另外，宝宝的手脚都需要保暖，建议你给他穿上手套和袜子或是软鞋。现在外面有很多娃娃鞋，虽然看起来可爱，但有可能会太硬，限制宝宝的活动，太小的宝宝并不适合。

4. 外套、睡衣

对宝宝来说，白天晚上是没有差别的，怕麻烦的话，你可以让宝宝白天跟晚上穿得一样。白天的时候可以给宝宝穿一件内衣，外穿一件连身衣，然后加件夹克或外套，春秋的天气，这样穿就足够了。冬天时可以换一件厚一点的外套，夏天不用穿外套也可以，天气再热一点时也可以只穿件上衣，包上尿片就可以了，不过要注意，不要让太阳直射宝宝。由于宝宝体温调节还不是很好，冬天从室外进到室内时，要记得帮宝宝脱下厚外套，就算睡着了也是一样；如果你不嫌麻烦，建议你晚上可以为宝宝换上睡衣或是睡袍，这样会比较舒服，而且睡前记得要换尿片，借着更换睡衣，也可以训练宝宝察觉白天跟晚上的不同。

5. 包巾

包巾就看人使用了，冬天时可以为宝宝衣服外加上一条包巾，可是夏天有时候太热了，可能会过于闷热。现在很多包巾材质是比较硬质的，不但可以防止宝宝睡觉中因为乱踢被子而感冒，也方便新手妈妈学抱婴儿软绵绵的身体，妈妈们可以看情况使用。

四、宝宝的衣服怎么洗?

因为宝宝的抵抗力比较弱，所以为了卫生起见，你应该把宝宝的衣物和家里的其他衣物分开来洗，如果不得不把大人或较大孩子的衣物和宝宝的一起洗，至少要把袜子和内衣裤分开来。洗衣服时要选用非生物性的洗衣粉，这样才不会有酶残留在衣服的纤维上。如果有残留物容易让宝宝过敏，所以一定要彻底用清水把衣服上的洗衣粉冲洗干净，然后彻底晾干。

1. 洗衣液要特别注意

有人问需不需要用衣物柔软剂，其实是有需要的，因为宝宝的皮肤很嫩，尤其洗衣服的水若是硬水的话（钙盐的含量很高），洗完的衣服会硬邦邦的，宝宝穿起来会觉得不舒服。但是柔软剂也有可能会造成过敏反应，所以在选择衣物柔软剂时，要选用通过皮肤测试，最好是针对过敏性皮肤所设计的柔软剂。

2. 使用烘干机

要弄干宝宝的衣服，最好用干衣机，衣服比较快干，又会比较柔软。但不是所有的宝宝衣服都可以用干衣机烘干的，有的衣服会缩水，假如为了宝宝穿起来舒服，要记得把剪下来的标签或洗涤说明留下来，有需要的时候可以拿出来看看。不过要注意，不要烘完衣服就直接从干衣机里拿出来给宝宝穿上，因为有些衣服上会有金属扣子或其他配件，在没有降温前，可能会伤到宝宝的皮肤。

五、新生儿用品的采购清单

新手爸妈在选购宝宝使用的用品，如婴儿床、手推车、衣服、尿布等，最好能事先列好采购清单，避免因为销售人员的诱导，买了很多不实用的东西。选购物品时，可以请教身边有经验的家长，请大家在物品使用上提出宝贵意见，并考虑家庭的需要性、安全性、实用性，这些都比用品外观是否漂亮重要得多。

（1） 哺乳用品（选购前，可于下方表格中勾选所需产品）

品　　名	建议数量	功能／特色
□ 喂食奶瓶（大）	PC／玻璃材质； 4~6支	每4小时使用1支
□ 喂食奶瓶（小）	PC／玻璃材质； 2~3支	喝水或果汁使用
□ 备用奶嘴	3~6个	视需要替换
□ 安抚奶嘴	圆形／拇指型； 2个	满足婴儿口欲期吸吮需要
□ 安抚奶嘴夹	夹式／别针型； 1个	防止奶嘴遗失掉落
□ 安抚奶嘴储存盒	1个	外出携带时，可防弄脏
□ 消毒锅	蒸汽式／水煮式； 1个	每日食后消毒杀菌
□ 奶瓶夹	1个	夹奶瓶、奶嘴；防菌及防烫
□ 奶瓶刷（360°）	1个	消耗性产品
□ 奶瓶保温筒	外出携带型；1个	能保温4~6小时为佳
□ 奶瓶专用清洁剂	1瓶	每3~5日清洗奶瓶油垢
□ 奶瓶携带盒	3 格或4 层加大； 1个	外出或在家均可使用
□ 妈妈用品背包／袋	1个	可将外出携带用品，分别摆放
□ 腔清洁指套牙刷	软质硅胶； 1个	可消毒，清除口腔、牙齿奶垢

（2）新生儿衣物（选购前，可于下方表格中勾选所需产品）

品　　名	建议数量	功能／特色
☐ 新生儿纱布	4~6 件	视季节选择厚薄搭配
☐ 棉布肚衣	4~6 件	视季节选择厚薄搭配
☐ 长袍	4~6 件	全棉系列，吸汗舒适耐穿
☐ 和服	4~6 件	全棉系列，吸汗舒适耐穿
☐ 妙妙装	4~6 件	全棉系列，吸汗舒适耐穿
☐ 新生儿尿布	1 包	勤于更换，保持干爽
☐ 兔宝宝连身衣	3~4 件	长袖，短袖；视季节而购买
☐ 内衣	6 件	活动肩、侧开、前开、全开襟
☐ 外出服	3~4 套	长袍，套装
☐ 睡袋衣	1件	冬季适用
☐ 包巾	2~3 件	视季节选择厚薄搭配
☐ 包被	2~3 件	视季节选择厚薄搭配
☐ 毛巾被	2~3 件	视季节选择厚薄搭配
☐ 肚围	2~3 件	透气、舒适、保暖
☐ 围兜	4 件	小围兜、套头围兜、毛巾布
☐ 新生儿护手套	3~4 双	棉、绒布；视季节选择搭配纱
☐ 帽子	2 件	透气、舒适、保暖
☐ 袜子、软鞋	2~4 双	美观、舒适、保暖
☐ 鞋子	2~3 双	舒适、美观、尺寸适用
☐ 小衣架	6~12 个	挑选小宝宝衣物专用的规格

（3）婴幼儿寝具（选购前，可于下方表格中勾选所需产品）

品　　名	建议数量	功能／特色
□ 婴儿床	1张	以能睡到3~4 岁为佳
□ 海绵床垫	1个	配合婴儿床尺寸
□ 婴儿床专用床单	2条	棉质；尺寸合适、图案可爱
□ 婴儿棉被	1条	视季节情况选购
□ 婴儿用睡袋	1个	视季节情况选购
□ 婴儿枕	1个	视需要使用
□ 通风枕	1个	婴儿趴睡时使用
□ 枕头套	2个	可换洗、配合枕头尺寸
□ 婴儿床护圈	1个	保护婴儿头、手安全
□ 婴儿床专用蚊帐	1个	透气、凉爽、防蚊虫咬伤
□ 防湿尿垫	1~2条	透气、可清洗
□ 婴儿毛毯	1~2条	保暖、舒适、轻盈
□ 身高表	1个	随时得知幼儿体长情形
□ 毛巾被	2~3件	视季节选择厚薄搭配
□ 肚围	2~3件	透气、舒适、保暖

（4）婴幼儿清洁用品（选购前，可于下方表格中勾选所需产品）

品　名	建议数量	功能／特色
□ 婴儿洗发乳	1瓶	温和、好冲洗、不刺激眼睛
□ 婴儿泡沫浴精	1瓶	温和、好冲洗、不刺激皮肤
□ 婴儿香皂	6个	清洁、不易软化
□ 婴儿爽身粉	1瓶	凉爽舒适
□ 婴儿护肤冷霜	1罐	滋润皮肤
□ 婴儿尿布疹保养霜	1罐	滋润皮肤、预防尿布疹
□ 婴幼儿专用柔湿巾	3罐	清洁、方便、卫生
□ 浴盆	1个	新生儿洗澡专用
□ 浴盆用浴网	1个	方便安全、新生儿洗澡专用
□ 幼儿洗澡海绵	1~2个	柔软、锡纸、不伤皮肤
□ 洗澡防滑垫	1个	婴儿洗澡专用、防滑
□ 婴儿洗澡玩具	若干	增加婴儿洗澡乐趣
□ 小毛巾	2条	洗脸、擦身体用
□ 大浴巾	2条	洗澡及包裹用
□ 浴温计	1个	测量水温
□ 纱布澡巾	6条	纯棉、经常换洗；喂奶可用
□ 纱布手帕	12条	纯棉、经常换洗；喂奶可用
□ 乳牙刷	1~2个	幼儿专用、软毛、不伤牙龈
□ 喂药滴管	1个	生病喂药时方便使用

（5）婴幼儿外出用品（选购前，可于下方表格中勾选所需产品）

品　　名	建议数量	功能／特色
□ 手提睡篮	1 个	可视实际需要添购
□ 汽车安全座椅	1 台	安全；防止交通意外
□ 婴儿推车	1 台	安全；外出专用
□ 宝宝摇椅	1 台	具坐、躺、摇动功能
□ 背婴袋	1 个	方便、可外出使用
□ 抱婴带	1 条	美观、方便、可清洗
□ 妈妈袋	1 个	外出不可缺的综合袋

（6）婴幼儿其他生活用品（选购前，可于下方表格中勾选所需产品）

品　　名	建议数量	功能／特色
□ 安全剪刀	1 把	安全、新生儿专用
□ 粉扑盒	1 个	配合婴儿爽身粉使用
□ 棉花棒	2 罐	清洁耳、鼻或局部发炎
□ 凡士林油膏	1 瓶	肛门润滑及清洁用
□ 体温计	1 支	测量新生儿体温
□ 冷热敷垫	1 个	可冰敷、热敷
□ 安全别针	数支	安全；固定衣物、尿布
□ 纸尿片、纸尿裤	数包	视新生儿状况添购

第4节 给宝宝安全的环境

Q&A 在家中应该特别注意哪些安全上的问题？

如果家里有开始学爬、学步行的小宝宝，建议你在家中任何房间都要采取必要的预防措施，例如，所有的家具都不能有尖锐的角，如果有尖角则必须加上软垫，以防宝宝发生碰撞危险；没有使用的时候所有的电器插头都应该加盖；避免任何垂到地面的绳子。等宝宝长大一点，你还要教他如何辨识潜在的危险，例如熨斗很烫、刀子会让他受伤等。

1岁以下的孩子没有睡觉的时候，需要你随时随地注意着他，这表示无论你到哪里，都要把他带到哪里。即使去厕所时也一样。学步阶段的孩子仍然需要你贴身的防范，如果你非得让宝宝自己一个人在房间里，一定要确定房间是安全的。要清楚宝宝在不同年龄段的发展以及他能做的事，并且抢在宝宝的前面替他检查环境是否安全。

一、可以让宝宝跟宠物一起玩吗？

宠物可以为宝宝的生活带来许多乐趣，也可以让宝宝从养宠物的过程中学到很多东西，但是不赞成宝宝一生下来家中就开始养宠物，因为爸妈要照顾宝宝，根本没办法顾及宠物，当然这也要看宠物的种类而定，像养鱼就一定比养狗花的心力少。不过，如果你已经养了狗，或者正计划要养宠物，请一定要小心保证安全。

宠物的毛是引起过敏的重要原因，所以，在宝宝3岁以前，绝不要在家里养有毛的动物，像猫、狗或兔子，让宝宝从小就暴露在毛随处飘的环境，容易得气喘或是湿疹等过敏症。

狗狗或猫咪有可能会伤到小宝宝，没有人可以掌握动物的脾气，一只平常看起来乖巧的狗，也可能突然凶性大发。有时候猫狗也会有争宠的行为，所以家中已有猫狗一类的宠物一定要随时留意，不要把婴儿和动物单独留在房间里。另外，也不要让宝宝跟猫狗同床，因为动物身上的跳蚤或是其他疾病有可能会传染给宝宝。

要注意避免让孩子碰到狗或猫的排泄物，狗狗的排泄物可能含有毒素，会造成失明，而猫的粪便里可能有住血原虫，会引起许多不同的症状。

居家安全检测表

项目	安全守则	具危险的物品
家中每个大厅和房间	· 如果宝宝已经可以自己走来走去，要将抽屉或是橱柜上锁 · 没有使用的插头加上盖子 · 家中每一层楼都要装上烟雾侦测器 · 避免有长长的线垂着，尤其是窗帘拉线和电熨斗的电线等 · 窗户要加上安全锁，也可以考虑加上安全栅栏	· 容易打破的东西 · 有尖锐边缘的家具 · 火柴、塑料袋 · 药丸 · 家中所有的化学物品都要收在宝宝拿不到的地方，而且最好使用原来的容器，不要换别的容器装，盖子最好是那种小孩子打不开的
大厅和楼梯	· 楼梯上不要摆放任何物品 · 宝宝还不会走路时，要在楼梯口两侧加上一个安全栅栏 · 如果楼梯铺有地毯，要确保地毯铺得很平整，没有松脱 · 要确定栏杆够牢固 · 栏杆的间隔不要大于10厘米，以免宝宝从中间掉出来，或头卡在栏杆中 · 家的前门一定要是宝宝没有办法自己打开的，以免他自己开门跑到街上去	

续表

项目	安全守则	具危险的物品
卧房 **（婴儿房）**	• 不要让宝宝一个人躺在换尿布台上，自己却走开 • 婴儿床一定要通过安全检定 • 当宝宝在婴儿床上时，一定要把床边的栏杆拉起来 • 一旦宝宝会坐以后，床的高度一定要降到最低的位置	• 不要购买电源线超过30厘米的玩具 • 任何尖锐物品
起居室	• 不要把任何烫或重的东西放在矮桌上 • 所有的架子和架上的东西都要牢固 • 通向阳台的门窗、玻璃都要牢固	• 酒、烟、打火机、火柴 • 任何有毒的植物 • 烫衣板、熨斗等
游戏区	• 要把给小宝宝的玩具和较大孩子的玩具分开来放 • 不要把玩具随处放在地上，有破损的玩具就丢掉 • 不要把宝宝喜欢玩的玩具放在高高的地方，否则他会想尽办法爬高去拿玩具 • 假如要买一个游戏用的围栏，要确定它符合国家安全标准	• 未符合安全认证的玩具 • 破损的玩具

续表

项目	安全守则	具危险的物品
厨房	·宝宝吃东西的时候，一定要在他身边，小心宝宝呛到 ·把刀子或尖锐的东西收在抽屉里并加安全锁，或者放在高处让宝宝拿不到 ·不要用桌巾或垫子，宝宝可能因为乱拉扯，桌上热汤或锐利东西容易掉下来 ·将装有热食的杯子或锅子放在宝宝碰不到的地方，煮东西的时候，锅柄也不要露出炉子外面，可能的话，用没有把手的锅子，还要在炉嘴上加装一个安全开关 ·保持厨房地板的干净，有脏东西要马上清除 ·关掉任何电器用品，包括洗碗机、洗衣机 ·不要把宠物的碗放在宝宝拿得到的地方 ·厨房要准备防火毯和灭火器	·刀子、尖锐物品 ·桌巾或垫子 ·热汤、热锅 ·煤气炉 ·各类电器
浴室	·绝不要留宝宝一个人在浴室里 ·替宝宝洗澡时，一定先放冷水再放热水 ·在浴缸里铺上止滑垫，可以防止宝宝滑进水中 ·把马桶盖盖上	·浴缸 ·任何容易吞食的物品、尖锐物品 ·漂白水、马桶清洗剂等

二、如何帮宝宝选购安全的玩具？

购买玩具时要找符合安全标准的、质量比较好的玩具。如果在外包装上或标签上看不到安全标示就不要买。不过，如果孩子不按照制造商建议的方式去玩，还是有可能受伤的，这种情形也会防不胜防，所以最好的方式还是你陪着孩子一起玩玩具。

就算只是很简单的玩具，也可能有潜在的危险，遵守下列安全玩具守则，才能让孩子玩得安全。至于实际采购玩具时，应该注意哪些要点呢？

1. 要先详细阅读标示内容

先看看是否有"安全玩具"标志，以及质检局检验合格标识，商品标示内容也要清楚。商品标示内容应包括玩具名称、制造厂商的资料（名称、地址、电话及营利事业统一编号），进口玩具也要标示代理商、进口商或经销商资料。另外，主要成分或材质、使用方法或注意事项也要写清楚才是合要求的，至于有可能危害低龄儿童安全或健康的玩具，也要标明警告标示。

2. 是否有容易脱落的配件

如果是购买给3岁以下宝宝的玩具，包装或产品上最好不要有比1元硬币还小的零件，或是其他太小的配件，因为宝宝有可能会误食或塞入嘴里而造成哽塞。

3. 玩具的结构必须坚固

用手亲自触摸，检查玩具的结构是否容易破碎，看看表面或外观有无毛边、锐利边缘。你可以试着用毛边划在指甲面，看看是否有痕迹，或是用纸压在边缘处，如果会划破的就不要购买。

另外，用手压压检视结构的稳固性，或是用手拉拉看是否会断裂或脱落，特别是填充玩具，要用力拉一拉、检查缝线的强度及牢固度，才能避免宝宝挖出填充物吞食。一些会发出刺耳声响玩具，也尽量少让宝宝接触，以避免损害听力。

4. 慎选玩具的材质

玩具的材质也是安全性的考虑之一，像是附拉绳的玩具，绳线长度不要超过30厘米，否则有可能会缠绕宝宝的颈部，非常危险；玩具表面的涂料不能容易脱落，如果宝宝舔咬吞食，可能会导致金属中毒。

三、如何确定宝宝到户外玩耍是否安全？

如果孩子能到户外跑跑跳跳、呼吸新鲜空气，对他的成长很有帮助，不过你得小心所有潜在的危险，才能让他玩得愉快又安全。

1. 注意游乐场安全

虽然大部分游乐场的地面都是柔软、有弹性的，防止孩童万一从滑滑梯或荡秋千跌下来时严重受伤，但是摔下来受伤还是在所难免，所以在孩子玩任何游乐设施时，你一定要在旁边看着。

2. 让孩子远离水边

如果家里或是附近有水池，要记得用坚固的网子或棚架把庭院中水池盖起来，也可以用围篱把它围起来，以策安全，或是干脆把池塘填成沙坑让孩子玩。一个小小的孩子，只要一点点水就可能给他带来危险。

3. 小心庭院或公园里的植物

教导孩子不要去碰任何植物或花朵，更不要吃任何的果子，不管它是长在树上还是草丛里。在自家的庭院中，金链花、洋地黄、百合、伞菌和有毒的常春藤，最好都不要种，如果已经种了，也请尽快移除。

4. 收好家中的化学物品

植物通常有化学药剂的残留，这就是为什么不要让孩子碰或吃任何植物的原因，除此之外，也要将杀虫剂和庭院用的化学物品全部收起来。

5. 教他注意交通安全

宝宝都有爱探险的本能，所以你的宝宝如果觉得在院子里或是公园玩腻了，一定想到别的地方探险一下，你要随时注意宝宝的行动，以免他走着走着就跑到马路上去了，也要告诉宝贝，车子和陌生人都是很危险的喔！

四、宝宝不小心吞下异物怎么办?

婴幼儿常会本能地把东西往嘴里塞,每年因误食意外而就医诊治或住院的幼儿更是不在少数;其实意外是可以预防的,父母只要用点心注意居家环境,便能减少许多意外。意外不幸发生时,如果能按照正确处理步骤,就能把伤害减到最低。

1. 宝宝的口欲期

幼儿会习惯性把东西放到嘴里,这和生理与心理两大因素有关,一般幼儿在四五个月大时,就会进入口欲期,一直持续到3岁,因此宝宝会不断尝试抓取东西往嘴里放。而6个月大的幼儿即会吸吮与咀嚼;这时候的幼儿,手会不断抓握,并透过尝试、学习的过程,寻求心理慰藉,满足他的安全感。

此外,因为幼儿的视线还不清楚,所以会通过触摸来累积经验,以感觉东西的软硬、味道与大小等。幼儿在此学习当中,会慢慢地累积经验,对事物更充分了解与确定。

要判断宝宝是否误食异物,可以从几个症状来观察。宝宝发生误食情况后,发作时会有咳嗽症状,有时候也会有想吐的感觉;如果异物吸进肺部,可能会出现哮鸣声。另外,你也可以从宝宝的表情来观察,当宝宝脸色变差时,异物很有可能已经卡在气管了。如果怀疑宝宝误食异物,应该马上去看医生,不然异物长期塞在气管中会发生溃烂,严重时更可能导致支气管发炎。

2. 异物催吐紧急处理法

当宝宝因为误食异物造成呼吸道阻塞,或是气管与食管哽噎,如果胡乱催吐或挖其喉咙,反而会让阻塞更为严重,你应该想办法诱导宝宝咳嗽,然后利用急救方法,帮助宝宝把堵塞的异物排出。

3. 倒提法

适用对象:1岁以下婴幼儿。

急救步骤:

(1) 爸妈屈膝跪或坐在地上。

(2) 抱起宝宝,将宝宝的脸朝下,使其身体倚靠在大人膝盖上。

(3) 以单手用力拍宝宝两肩胛骨间,拍背5

次，再将婴儿翻正，在婴儿胸骨下半段，用食指及中指压胸5次。

(4) 重复上述动作，以压力帮助宝宝咳出堵塞气管的异物，一直做到东西吐出来为止。

※勿将宝宝双脚抓起倒吊从背部拍打，这样的错误方式，不仅无法将气管异物排出，还会增加宝宝颈椎受伤的危险。

※若是液体异物哽噎，应先畅通其呼吸道，再吹两口气，若气无法吹入，则怀疑有异物堵住呼吸道，再进行急救法。

4. 哈姆立克（Heimlich）法

适用对象：1岁以上小孩。

急救步骤：

(1) 在孩子背后，双手放于宝宝肚脐和胸骨间。

(2) 一手握拳，另一手包住拳头。

(3) 双臂用力收紧，瞬间按压宝宝胸部。

(4) 持续几次挤按，直到气管阻塞解除。

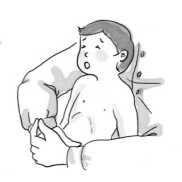

※1岁以下之婴幼儿，异物哽噎在气管时不可进行哈姆立克急救法，以免伤及腹腔内器官。

异物是卡在气管还是食管？最简单的判断方法就是观察宝宝是否能发声说话，如果无法发声，则可能完全阻塞气管，应立即采用上述两种急救法，帮助排出异物；若还能说话，表示异物在食管内，或是部分阻塞气管，不需要再急救，而是应该送医院治疗。

当你怀疑宝宝吞了异物时，请先注意宝宝的周围是否有疑似误食的物品，并用手电筒检查宝宝的嘴巴及喉咙，是否看得到。如果能确定吞食的是什么东西，而且也当场取出解决了，就不需要照X线。但若是无法判断究竟有无误食异物，可以请医生帮忙照X线。

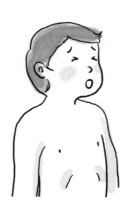

如果是无危险性的小体积非尖锐性异物（直径小于2厘米，长度小于4厘米），如钱币、纽扣等，是可以透过粪便排出的，只要多喝汤水，吃些帮助排便的蔬果，大部分一两天后都能排出，如果异物没有排出，要再带宝宝去看医生。阻塞呼吸道及食管的异物一定要尽速取出，纽扣电池虽然很小但具腐蚀性，也要尽快拿出。

宝宝吞入异物紧急处理法

误食异物	处 理 原 则
硬币、玩具	不要强行取出，可让异物自己排出，或使用内视镜夹出
药物锭剂	为减少药物吸收成分，建议采用催吐法
干电池	要夹出来，使用催吐容易产生肠胃道不适或肝功能异常，且卡在食道也会造成危险
樟脑丸	喂以活性炭来冲淡，减少肠胃道吸收
花生、果冻、果核	不要强行取出，依年龄用倒提法或哈姆立克法
鱼刺	可用水吞服，仍无法解除症状时请尽速就医
除臭剂、杀虫剂	不要催吐，否则易因逆流而造成吸入性肺炎
水银	不可催吐，应喂食水或牛奶
漂白水、清洁剂	应喂食水或牛奶，并立即送医院急救
强酸、强碱	勿催吐，请立即送医院急救

5. 千万别这么做

挖喉咙

宝宝误食硬币或电池，却紧张地用手去挖宝宝的喉咙，反而容易让东西卡住，使状况更危险。

不断催吐

你应该先了解哪些异物可采用催吐方法处理，毕竟有些误食异物是不能催吐的，如强酸强碱。一般来说，强酸易腐蚀嘴巴外面，宝宝不易吃进去，因为一沾到强酸会本能地吐掉；但强碱却是感觉不出来的，但吞进去时会有灼热感，如果宝宝已经不小心误食强碱，就不应再催吐，以免造成食管腐蚀与胃穿孔。

酸碱中和

宝宝不慎误食强酸强碱物质时，你千万不要自作聪明采取酸碱中和方法，

这样的做法一点用都没有，建议让宝宝喝些牛奶，保护他的胃壁，并冲淡强酸和强碱。

6. 防止误食，10点不漏

居家环境要注意些什么，才能避免宝宝误食造成意外？为了宝宝的安全，请遵守以下十点原则：

Point 1

使用专门柜子来放置清洁用剂。建议最好当次用完，若使用后仍有剩余，务必妥善保存好，不要随意乱放。柜子最好可以上锁，因为即使放在高处，小朋友仍有可能爬上去！

Point 2

药物应分门别类包装后，以安全锁锁好。千万不要装在不用的糖果罐内，避免误食，最好能装在有安全盖的药瓶里，小朋友根本没能力打开。

Point 3

每年端午节时，有些家庭会买食用碱水来做粽子，容易发生小孩误食碱水的情况，而此种强碱误食的后遗症又特别严重。千万不要把有毒物质装在塑料瓶里，放在幼儿易拿取之处，或是放置在冰箱内，有些小朋友会以为是汽水而误食。此外，现在的清洁剂瓶身都会标示清楚误食的急救方法，如果随便拿塑料瓶代替，发生误食意外，你就无法马上找到正确解决方式及时处理。

Point 4

避免让宝宝自行吃含有果核、种子或骨头的食物。如要让孩子吃鱼，请选购鱼刺骨头少的鱼类较为安全，否则用这些肉煮稀饭时，即使稀饭熬得非常烂，仍然可能会不小心有排骨碎片或鱼刺在里面。

Point 5

不要让3岁以下幼儿吃坚果类食物，如花生、瓜子、开心果。如果要让宝宝吃小小的圆形水果，如葡萄、樱桃等，也请切成小块，避免幼儿一口吞入噎到。

Point 6

尽量不要给2岁以下的小朋友吃果冻。若是让小孩吃果冻，你最好先用汤匙把果冻切开再喂孩子，用吸的方式容易整块卡在喉咙、吸入气管。另外，珍珠奶茶里的"珍珠"，也应该尽量避免给小孩子食用，以免发生用力吸过猛，"珍珠"不慎吸入气管造成窒息。

Point 7

宝宝吃东西时千万不要和他玩，否则容易噎到和呛到，造成意外。

Point 8

你在选购食材时，要以新鲜为主，炒过东西回温后容易受到污染。买罐头时要注意罐头周围有无破洞，并注意罐身标示的保存期限。

Point 9

挑选玩具时必须选择合格有认证，且标示符合小朋友年龄段的玩具。路边店的玩具材质不明且危险性高，小零件又易脱落造成幼儿误食，你千万不要为了贪小便宜而随意购买。

Point 10

不可以单独留12岁以下的小孩自己在家，也不要放任一群小孩在家里却没有大人陪伴。

7. 预防宝宝铅中毒

除了随便服用来路不明的成药的意外之外，人们身处在高污染的环境中，水污染、空气污染、重金属污染等，有愈来愈多的案例显示，我们的环境真的生病了！所以想给宝宝一个健康安全的成长环境，必须花费的心力也愈来愈大。宝宝每天可接触到各类工业制品，其中劣质产品所添加的含铅成分，对宝宝有相当大的危害，在体内累积至一定浓度时，可能导致行为异常、记忆力及智力的下降、注意力不集中等，严重者还有可能出现呕吐、痉挛、昏迷等症状，以前还曾经有因铅中毒而致死的案例。

但是铅是从哪里来的？人体内受到铅的途径主要是吸入以及食入，而宝宝由于新陈代谢速度较大人快，所以吸收到有毒物质的量也会较多，加上小孩子因为神经系统与呼吸系统的发育尚未完全，即使血液的含铅浓度与成人相同，所受到损害会比成人大；加上幼儿口欲期的发展，会有吸手指或咬玩具的习惯，所以当宝宝接触到含铅物品时，更容易毒从口入，所以，当妈妈的你，一定要多加注意环境中的可能存在的铅。

（1）居住环境。老旧住宅中除经常会使用铅制水管外，部分防锈油漆也可能含铅。这些含有铅的油漆会随着时间推移而腐蚀剥落成落尘，很容易就被宝宝吸入或误食；而含铅汽油的使用，会使空气或者尘土中散布着含铅物质，若长期居住或处于这样的环境中，人体内的铅含量就会愈来愈高。

因应对策：最好要避免孩子暴露在这样的环境下，包括设施有油漆剥落的公园、老旧建筑或游乐场所，还要注意居住的房屋是否也有油漆剥落的现象，如果你家附近有电池工厂等可能释出铅的场所，一定要禁止孩子出入。

（2）玩具、餐具等日用品。含铅的日常用品，问题大多来自于上色的颜料，包括陶瓷用品中所使用的釉料，或是宝宝常常接触的玩具等，有些不肖业者为了降低成本，或是为求颜色的鲜艳，都有可能使用含铅颜料来涂漆，宝宝经常接触就会提高摄入铅的概率。

因应对策：在为宝宝添购玩具时，一定要选择贴有检验合格标示，或者拥有安全玩具标志的产品。

颜色鲜艳的玩具虽然容易受到宝宝的喜爱，但是其中容易含有铅、镉等重金属，不要购买来路不明的物品，包括玩具、陶瓷等用品，避免孩子因经常以手接触含铅物质，或者咬舔、吞食脱落的涂料而致铅中毒，一定不能因为便宜而因小失大。

（3）食品不可以乱吃。老一辈的人为了让宝宝好睡、好照顾，会给宝宝服用八宝散等含有重金属的中药。这类的中药经过研究证实其中可能含有大量的铅，长期食用会有铅中毒的危险；另外，部分糖果包装纸的铅含量也可能过高，宝宝有可能会接触后吸吮手指吃下肚，含铅之糖果纸更可能直接污染糖果本身，使宝宝无形中吃下含"铅"糖果。

有妈妈问：宝宝爱哭可以吃八宝散吗？所谓八宝牛黄散即一般俗称的"八宝粉"或"八宝散"，为流传已久的一种传统中药，主要作用是镇静、安神，可治疗宝宝夜晚哭闹、惊悸不眠、受惊青便等。

曾有机构检测市面上销售的八宝散，发现高达2/3的产品当中，铅和汞的含量远远超出合法标准，给婴幼儿服用将对健康及智力发育有很大的影响！所以，在未经医生诊断前，千万不要给宝宝随便服用成药。

因应对策：选购食品时一定要选择包装及内容说明清楚者，拒绝购买来源标示不明的食品，购买时也要详读包装上的说明，并选择有信誉的商家；糖果包装则最好选择内层还有一透明夹层者，可避免糖果直接接触到含铅的糖果纸而造成污染。

五、怎么教宝宝不乱动危险的物品？

　　虽然你都已经尽量把危险的物品放在宝宝拿不到的地方了，但却不可能把日常生活所有的东西都收起来，该如何让宝宝不动危险物品呢？这是让许多家长伤脑筋的事。

　　有些东西你总是叫宝宝不要去动，但其实对幼儿说不要动，常常是没有用的。宝宝在没有了解到"不"的真实含意前，是不会理你的。所以最好的做法是，当宝宝想要碰危险物品时，你要马上阻止他，并马上将宝宝带开，并对他做出他能够理解和接受的解释。在这个时候，给宝宝任何有趣的图书或是玩具都能转移他的注意力，对他大喊、吓唬、训斥都是没有用的，这样还有可能会让宝宝有非动不可的决心。

　　如果今天你的孩子拿着一支铅笔跑来，你知道这样可能会伤到孩子的鼻子、眼睛或嘴巴，但你要做的，不是不准他拿铅笔，而是要教他怎么使用铅笔，以及走动时，铅笔要怎么拿才安全。

第6章

婴幼儿常见疾病与居家护理

宝宝一旦生病了，就会让爸妈寝食难安，而成长中的宝宝，总是会做出令人意想不到的事，要怎么小心防止宝宝发生意外呢？发生意外时要怎么办？其实，不管是什么样的状况，除了平时必须吸收必备的相关知识外，还要保持镇静，这才是正确而有效处理问题的不二法门。

第1节　婴幼儿常见的不适症状

Q&A 宝宝的脸又红又烫，是不是发热了？

　　人体最适宜的温度范围是36.5~37.5℃，如果发现宝宝不对劲，最好帮宝宝量一下肛温，一般我们所认定的发热是体温38℃以上才称之为发热。不过记得帮宝宝量体温时，要尽量避开在喂奶、吃东西之后，或是刚洗完澡、刚哭完等，因为这些时候的体温都是处于不稳定的状态，量到的数据也是不准确的。

宝宝看起来不太对，到底是不是生病了？最先发现宝宝有异状的人，一定是和他长时间相处的妈妈，小宝宝万一生病了，症状变化很大，一不小心就会恶化，所以如果发现宝宝不对劲了，一定要赶快带去医院让医生诊治喔！

一、宝宝发热了怎么办?

发热最重要的用途是用来作为"警讯",表示宝宝身体有问题了,需要注意或看医生。宝宝发热的原因很多,尤其对于一些抵抗力相对较差的慢性病患童或婴幼儿,持续反复烧烧退退超过一般普遍小感冒的3~5天,或发现宝宝突然不吃不喝又睡不安稳,或是平常好动的宝宝,突然变乖、一直昏睡,就该带到大医院作进一步检查了。

二、发热只是因为单纯感冒吗?

很多的疾病都会以发热来表现,重要的是要观察有没有合并其他严重的症状;例如脑膜炎会头痛、呕吐、颈部僵硬;肺炎会咳嗽、会喘;细菌性肠炎会拉黏液血便;败血症可能会出现皮肤出血点与紫斑;骨髓炎会局部骨关节红肿痛;心脏发炎也会喘,所以不一定是肺部出问题才会喘。另外当宝宝发热时,一定要注意有没有腹泻、呕吐、流鼻水、咳嗽,以及情绪、脸色、食欲方面的症状。

此外,1~5岁的幼儿体温突然升高时,会使幼儿调适不良而容易引发抽搐,称为"热性痉挛"。

一般而言体温要超过38℃时才建议让宝宝吃退烧药,而且每次服药中间要隔4~6小时。口服退烧药需1小时左右才能见效,要耐心等候;如果发高烧想要快速退烧,可以使用肛门栓剂,但塞多了可能会有轻微腹泻喔!老一辈的人可能会建议你给宝宝打退烧针,其实这不是必要的,最好要避免。如果宝宝烧得不是很严重,你也可以用其他的方法退烧,像是用温水帮宝宝擦身体,通过水汽由体表蒸发时也能散热,千万小心别用冷水或酒精来擦浴,以免在短时间内过快降温,宝宝不只会感到难受,还会引起寒战发抖,多补充水分也是能辅助发汗而退烧的最好方法。

一旦发现宝宝畏寒发抖时,就要帮他多加件内衣或多盖条被子来保暖御寒。不要让宝宝持续穿着汗湿的衣物,这样反而更容易着凉,要勤于更换干净衣物,换衣服时也注意要用温毛巾把身上汗水擦干。

下面我们提到的10大症状,都是爸妈常常会遇到的婴幼儿急症。

1. 宝宝感冒的症状

一般上呼吸道感染俗称为感冒，大多是由病毒感染所引起的。流行性感冒较容易合并有发高烧与全身酸痛无力的严重症状，而且容易传染而造成流行，其他一般感冒都较为轻微，症状大多是喉咙痛、咳嗽、打喷嚏、流鼻涕、鼻塞，严重一点的，还会有发热、呕吐、腹泻、手脚酸痛等症状，一般发热2~3天之内可以退烧，感冒大多在1~2周内也会逐渐痊愈。不过要注意的是，对免疫力差的病人与老人小孩来说，可能会有并发症，常见的有肺炎与脑膜炎等。

治疗感冒的药物都是针对症状加以减轻，一般感冒不需要使用抗生素，只需要多休息，注意营养，多补充水分等，感冒病毒容易经由鼻咽腔分泌物传染，所以要多洗手、戴口罩及减少出入公共场所，以免传染给他人，家人也要小心感冒，避免传染给宝宝。

通常出生6个月内的宝宝，体内还有从母体得到的抗体，可能不太容易感冒，但6个月之后抗体会逐渐消退，各种感染症（如感冒等）就比较容易出现。幼儿到了幼儿园后，会与同伴亲密接触玩耍，如果加上体质过敏，就非常容易感冒。

如果宝宝一直咳，是不是得了肺炎呢？根据经验，如果是持续很久没有痊愈的咳嗽，有可能是因为感冒而并发的肺炎，或过敏性支气管炎、鼻涕倒流所引发的，如果发现宝宝有连续重咳并发高烧，甚至呼吸急促、食欲减退等症状，就要赶快带去看医生，检查是否是肺炎引起的。

2. 危险的肺炎和支气管炎

肺炎通常是指病毒或细菌感染引起的发炎症状，细菌感染比病毒感染症状更为严重，也比较容易引起呼吸困难，另外，还要注意一种常见的霉浆菌感染引起的"非典型肺炎"，它的表现方式与一般典型细菌型肺炎高烧、剧烈咳嗽等不尽相同，宝宝有时只是轻咳，看似还好，很容易被忽略，如果一直高烧不退，X线显示出有肺炎，就有可能像细菌型肺炎一样，并发肺部积水而造成危险，一定要尽早住院治疗。

另外，支气管末端的细支气管发炎症状也与肺炎类似，常见于2岁以下的宝宝，除了发热与咳嗽之外，宝宝还会有情绪不佳、脸色难看，出现"咻、咻"般浅短的呼吸声，或是鼻子不停地收缩这样呼吸困难的症状。

如果是感冒上呼吸道发炎蔓延到支气管引发的急性支气管炎，则会从干咳，逐渐转为带痰的剧烈咳嗽，有时候也会发热。

3. 容易感染的中耳炎

有人问，宝宝在感冒之后开始晃动头部，还用手搔抓耳朵，这是耳朵发炎吗？其实中耳炎也是小儿科常见的疾病之一，以"急性中耳炎"及"中耳积液"为主。根据统计，宝宝在3岁以前大约有2/3以上得过中耳炎，近一半以上的人会得3次以上，因为鼻咽与中耳腔相通，所以小儿中耳炎常因为上呼吸道感染（感冒）并发引起，有时也与婴幼儿平躺着喝奶或过敏性鼻炎有关。

急性中耳炎可能会引起耳朵疼痛及发热，但不会表达的宝宝就只会用烦躁及哭闹不安，以及搔抓拉扯耳朵的症状表现。中耳积液虽然会引起听力变差的症状，但如果症状轻微，或是只有一耳正常时也不易察觉，所以要特别注意，怀疑有问题时，一定要尽早到大医院检查。

中耳炎的治疗，一般是使用口服抗生素10~14天，积液超过两三个月仍无法自行吸收时，就必须放置中耳通气管，以免长时间的听力障碍影响到学习与语言发展。

另外非感冒引起的外耳感染，常是清耳朵时刮伤或长湿疹搔抓的伤口，因为细菌感染引起的外耳发炎。而当外耳道的毛囊与耳垢腺等制造耳垢的部位受细菌感染时，会逐渐变成肿疮，轻轻一碰就会痛到大哭，治疗时服用抗生素或涂抹软膏、点耳药等。

4. 危及生命的气喘

气喘是一种遗传性的过敏性发炎体质，如果出生后又加上环境的致敏因素，逐渐增加气道内的敏感度及发炎，让肺功能减少到相当的程度后，就会开始出现症状，如长期不明原因的咳嗽、夜间或清晨咳嗽、喘鸣、呼吸急促等。

由于空气污染剧增，过敏原(尤其是最常见的尘螨)的浓度逐渐累积，以及过度依赖喷雾支气管扩张剂造成气喘病死亡病例显著增加，常见到宝宝在送到急诊室时，病童手中还握着喷雾剂瓶子，所以一定要注意，一天使用喷雾剂最多不可以超过4次，尤其当症状缓和的间隔越来越短时，最好及早就医，以免延误治疗。

气喘症状虽然会随年龄增长而递减，有些孩子上小学后肺功能会因身体成长而改善，但其中仍有部分孩子因为常气喘发作或慢性持续的咳嗽导致肺功能变差，这些孩子长大后仍然会气喘。

气喘病的治疗原则为改善生活环境，避免过敏原的刺激（可做过敏原检

验，了解宝宝是对哪些常见过敏原过敏），以及适当地使用药物，使用的药物有两种，一是控制药物，包括抗发炎药物如类固醇与长效型支气管扩张剂，须长期每日使用，以控制病情，吸入性类固醇副作用极低，为了日后不再气喘，绝不可有类固醇恐惧症；二是缓解药物，主要是短效型支气管扩张剂，可迅速缓解孩子急性的支气管收缩症状。

要治疗幼儿气喘病，建议你除了尽量避免宝宝感冒或与过敏原接触之外，同时要积极控制症状，维持孩子良好的肺功能，让孩子能正常地生活，避免日常生活中无谓的限制（例如不运动而造成肥胖，或什么都不敢吃造成营养不良等）。尤其是要避免家中的灰尘与尘螨刺激气管，尽可能每天打扫房间，让棉被多晒晒太阳。

5. 容易被忽略的腹泻

腹泻就是一般俗称的拉肚子，是指大便的次数增加，而且大便的稠密度(consistency)变得较稀或似水。临床上，儿童腹泻可分为急性腹泻（腹泻时间少于两星期）和肠炎后腹泻症候群。引起急性腹泻的病因以感染性疾病为主，常见病毒性有轮状病毒，细菌性有沙门氏菌肠炎等；慢性腹泻（时间超过两星期以上）则以"肠炎后腹泻症候群"为多。

由腹泻状况及粪便外观可大略区分病因，如果是因为病毒引起的，症状是微烧，先上吐严重、后腹泻，不吃，不拉，常见季节以冬季较多。如果合并高烧粪便呈绿色黏液加上血丝，就需考虑是否为细菌性肠炎。

在治疗上，急性期一定要短暂禁食，让肠胃休息，并注意水分及电解质的补充，避免因低血糖、脱水或酸血症[1]造成危险。当宝宝腹泻时，一定要观察他有没有脱水现象，轻微的脱水会让宝宝皮肤、口唇黏膜较为干燥；中度脱水，会造成宝宝脑前囟门或眼眶下陷，尿量也会减少，常并发酸中毒[2]而有导致呼吸急促的现象；严重脱水时可能会并发休克及急性肾衰竭，会有生命危险，千万要小心。

---

❶❷ 酸血症又称之为酸中毒。酸中毒顾名思义就是指血液的pH值过低(正常值为7.35～7.45)，酸中毒可依其发生原因，分为呼吸性酸中毒和代谢性酸中毒两大类。

呼吸性酸中毒：可能是由哮喘、支气管炎等呼吸系统疾病所引起，因为呼吸量下降，使体内堆积二氧化碳，引起呼吸性酸中毒。

代谢性酸中毒：代谢性酸中毒可能由很多原因引起，像缺水、腹泻或是呕吐、肝病、糖尿病、肾病等都会让体内的酸性物质积聚，身体长期缺氧而引起乳酸性酸中毒。严重者会引起脱水、血压下降，甚至造成昏迷或死亡等。

如果是慢性腹泻则容易引起消化吸收不良，长久下来会出现营养不良、生长迟缓的并发症。一般而言，儿童肠胃炎以病毒性为多，并不需要使用抗生素，除非宝宝因细菌性肠炎腹泻，而且有高烧、白细胞增加、发炎指数高等毒性现象，再使用抗生素治疗。而止泻药使用在细菌性肠炎是不适当的，因为它会抑制肠蠕动而妨碍病菌与毒素随粪便排出，常刺激肠黏膜，再加上肠子不蠕动，就可能造成严重的毒性巨肠，甚至会穿孔引起腹膜炎。

最后要告诉你一些正确的观念，如果发现宝宝有脱水现象，不要相信市面上所销售的运动饮料可以真正补充流失的体液，补充"口服输液治疗溶液"与"运动饮料"是不同的，通常"运动饮料"蔗糖含量为7%~10%，远高于世界卫生组织建议的"口服输液治疗溶液"的葡萄糖2%含量，过多的蔗糖量会使肠子渗透压过高，已腹泻的宝宝会拉得更厉害。

如果大便呈大量酸水便，或是腹泻超过两周以上时，因为小肠黏膜已经受损了，建议改以无乳糖配方乳喂食，对肠道受损的恢复是有帮助的。

另外，治疗急性腹泻时应该让肠胃"休息"一段时间，一般4~6小时即可，过久的禁食是不需要的，休息太久反而会让肠子绒毛修复延缓，导致慢性腹泻及营养不良。

6. 许多原因都可能造成呕吐

呕吐是指胃里的内容物被强而有力地由嘴巴吐出。要留意的是不是胃肠道的任何一段发生阻塞引起的呕吐。如果呕吐物不含胆汁，则可能是阻塞在十二指肠上方，常见的如先天肥厚性幽门狭窄、食道闭锁症等。新生儿非胆汁性呕吐最常见的是"胃食道回流"，多半在2岁以后就会改善。呕吐物含有黄绿色胆汁，一般表示阻塞的位置在十二指肠以下，如小肠闭锁阻塞、小肠扭转等，常常是需要开刀的外科急症。如果吐出含有血丝或咖啡色的东西，就要考虑是不是上胃肠道的出血。

引起呕吐的原因很多，不一定是胃肠道的问题，除了最常发生的急性胃肠炎外，全身性感染疾病如败血症，局部感染如脑膜炎、急性咽喉炎、急性盲肠炎、胰脏炎、胆囊炎、肝炎等，也会引起呕吐现象。

此外，罕见的代谢性问题，如肾上腺性症异常、肾小管性酸中毒等都会引发呕吐，如果剧烈呕吐合并有头痛、抽搐等症状时，要特别加以观察，婴儿期的脑瘤也常以呕吐及厌食来表现。急性胃肠炎俗称"肠胃型感冒"，是门诊中最常见引起呕吐的原因，症状有微烧、先呕吐再腹泻，但是如果宝宝平常就会便秘的话，通常就不会拉肚子，但呕吐及肚子一阵阵绞痛的症状会更严重，所以如果有严重呕吐超过1天以上、呕吐物呈黄色甚至绿色或咖啡色。肚子愈来

愈痛的情形，就要到医院检查或住院做点滴补充。严重拉肚子时要避免甜食，大孩子可以喂食清淡饮食如稀饭，避免吃奶制品、油腻饮食2~3天。

胃肠炎感染的途径一般与众所周知的肠病毒类似；细菌性胃肠炎多是经由吃进去的饮食传染，而病毒性胃肠炎则多属于飞沫传染，比较难避免。所以要预防宝宝受到感染，需注意清洁卫生，需经常洗手，尤其是在换完宝宝尿布后及为他准备食物之前。还有，营养均衡及多多运动以增强个人之免疫力，也是防范之道。

7. 关于宝宝的便秘

由于大肠总长度约有100厘米，就像"仓库"一样，可以堆积存放很多粪便，虽然每天都有排便，但大便要能具备略软、不臭、量多等条件才算正常。如果每天没排干净，起初可能相安无事，但日积月累下来，一旦"仓库装满了"或来个"急性胃肠炎"，就会产生肠子阻塞的症状，常常一吃东西就喊肚子痛。

有些孩童有挑食的习惯（可能只爱用奶瓶吸奶制品而少吃其他食物），会错失练习固体辅食的机会，很容易便秘。你要让他多吃蔬菜、水果，多喝果汁，如黑枣汁等高纤食物，新生儿只能补充葡萄糖水，到4个月大以上时可加上一些果汁；喝蜂蜜也有助排便，但要1岁以上才能饮用。养成每天定时上厕所的习惯（最好在早餐或晚餐后）。如果宝宝超过2~3天以上未排便而且肚子疼痛，你可以用棉棒或肛温计抹凡士林伸入肛门内1厘米以刺激排便，大一点的孩子可以暂时帮他灌肠舒解。

如果出生后就有严重腹胀及便秘，就要注意是否有"先天性巨肠症"的可能，这种病症需开刀治疗才会痊愈。

8. 宝宝有惊跳的反应

由于新生儿的脑部发育尚未成熟，容易受到声、光、震动的刺激，在睡眠时容易引起惊跳。惊跳的症状为手脚阵发性抖动，是一种正常的生理现象，此时只要用手轻轻按住抖动部位，就可以让宝宝停止下来了。

惊跳的症状有点类似痉挛抽筋，两者不同之处在于是否失去意识，痉挛的表现是两眼凝视上吊或固定偏一侧不动，有时会眨眼，口部反复地做咀嚼、吸吮等动作，甚至出现呼吸不规则、嘴唇发紫等，如果发现宝宝出现痉挛症状时，就要马上到医院检查治疗。

9. 宝宝溢奶的处理

约有半数的宝宝每天有1~2次溢奶或吐奶的情形，最常见的原因是胃食管逆流，多数到2岁以后就会改善了。处理方法有适量喂食，不要让宝宝喝奶喝得太急，使用适中的奶嘴孔，以及喂奶后可以让宝宝直立靠在肩上排气，半小时内不要马上平躺，躺下时也应将宝宝头部垫高，向右侧卧，以及避免进食后马上换尿布等，通常就可以减少溢奶或吐奶的状况。

4个月大以后的宝宝，你可以在奶中添加米粉或麦粉以增加稠性，少数溢奶的宝宝是对牛奶蛋白过敏所引起，可由医生指示使用特殊豆蛋白配方乳，或水解蛋白配方的低敏奶粉。但是从宝宝出生后2~3周开始，如果他每一餐喝完奶都会有喷射状的呕吐，而且情况一直都没有改善，体重也不太增加，这时候最好请医生做检查，看是不是幽门狭窄造成的。

10. 宝宝有鹅口疮的治疗

鹅口疮是因为白色念珠菌在口腔黏膜所引起白色、豆腐乳样的斑块，看起来有点像奶渣，但不同的是，鹅口疮不容易被擦掉，如果硬性去除可能会出血。如果宝宝免疫力较低，或加上长期使用抗生素、类固醇药物，就可能出现鹅口疮。鹅口疮通常不会痛，也没有明显症状，少数宝宝会胃口不佳，甚至有拒绝进食的现象，但多半会自行痊愈。

治疗鹅口疮一般都是使用抗霉菌药物，医生开药后，你可以用棉花棒或纱布包手指蘸药物帮宝宝涂抹口腔，不过涂药前要先帮宝宝清洁口腔，一天分次于饭后使用，如果治疗了5~7天后仍未改善，而且鹅口疮有扩散情况，或出现不明原因的发热，就应尽快就医检查有没有免疫低下疾病。治疗痊愈后的宝宝，为了避免再发，不要让他吸食奶瓶后睡着，喝完奶一定要帮宝宝清理嘴巴，或是让他喝点开水漱漱口。

第2节 小儿防范意外的发生

Q&A 宝宝发生意外时，该怎么紧急处理?

我们当然都不希望宝宝产生任何意外，但是再怎么小心和注意，生活中还是有很多无法预测的情况，不管发生什么样的意外，首先你都要先冷静下来，越慌乱越容易让情况变得更糟，一边评估情况的同时，也不要忘了一边安抚宝宝，保持镇定、自信的态度会让宝宝觉得安心。如果宝宝出现昏迷、呼吸困难、流血不止，或是烧伤、骨折等情况，一定要马上送医院急诊。

任何可能发生在宝宝身上的意外情况，都是无法事前预知的，即使再怎么注意，还是有可能发生，所以，更重要的是，在意外发生时，把握基本的紧急处理原则，才能避免在事情发生的时候慌了手脚，而延误急救的时间。

一、在家里最容易发生哪些意外?

为了防止宝宝有意外状况发生,父母最好不要让他一个人独处,除了居家环境要特别注意之外,有危险疑虑的物品也一定要记得收好,放在宝宝拿不到的地方。下面把一些临床上比较常见的情况和父母们分享,提醒大家一定要小心!这样做是安全的吗?

二、这样做安全吗?

记得在几年前的院庆餐会,突然接获急诊通知,一个8个月大活泼可爱的宝宝被半颗葡萄夺走宝贵的小生命。建议父母可以学习简单的心肺复苏术急救技巧,以备不时之需。因为正常人的呼吸只要停止5分钟以上,大脑就会造成严重的伤害甚至死亡,短短的几分钟,可能就是救命的关键。

1. 异物哽塞

因为异物而哽塞窒息,是小儿科急诊最常见的意外,而"噎死"更是居小儿意外死亡原因的首位,盛香珍的蒟蒻果冻噎死一名美国儿童事件被判赔天价,但是再多的金钱都无法挽回宝宝的生命。所以一定要多留意,避免类似不幸事件发生。

哽塞的症状为说不出话或不能呼吸、脸色发黑,甚至昏迷,尤其5岁以前小宝宝的吞咽反射能力比较差,很容易不小心将小的糖果、花生、葡萄、纽扣、小弹珠、铜板、肉块、爆米花等小东西噎入口鼻中而造成呛到、哽塞等危险,所以家中环境须保持简单清洁,别让在地上自由爬行的好奇宝宝们落单了,而让他随手捡到此类物件而造成伤害。

如果不幸发生了异物哽塞的情况,第一步就是要将口鼻的异物尽快地清出,以保持呼吸道的通畅。如果孩子此时无法说话但仍有反应时,5岁以上较大的儿童可使用哈姆立克法处理(详见第5章第4节)。如果意识已经丧失,就要先以手指除去阻塞气道的异物,并马上施行心肺复苏术。

另外,许多妈妈在喂宝宝吃鱼的时候,也会不小心发生宝宝被鱼刺鲠到的意外,被鱼刺鲠住该如何处理呢?一般人的想法都是大口吞饭,或是喝醋,这都是错误的做法!这样做可能会将鱼刺吞入更深的部位,或造成咽喉食管黏膜

受伤，最好还是去耳鼻喉科请医生把鱼刺取出来。

2. 头部遭受撞击

　　急诊室常会看到忧心忡忡的家长抱着哭闹宝宝来应诊："宝宝刚从床上跌下来肿个大包，有没有关系？"，"需不需要做计算机断层检查？"如果宝宝头部受到撞击，你第一个动作是要先安抚宝宝，接下来再细心观察有没有一般头部外伤的症状，如头痛、呕吐，甚至抽搐意识丧失，身体检查头皮的血肿及伤口、头骨有无裂缝等，甚至做神经学检查，如果看东西、走路出现问题时，要赶紧安排头部计算机断层检查，以评估脑部血块的位置、脑水肿的程度、脑受压迫的状况等，严重者往往需要手术处理，而且死亡率以及产生严重后遗症的比例相对较高。还要注意头部外伤往往合并其他地方的伤害，不能单只注意到头部问题。

3. 鼻子出血

　　儿童最常见的出血是流鼻血。由于儿童鼻黏膜中分布很密的微细血管，而且靠近鼻翼，手指很容易碰到就破裂出血。以往错误的处理是让儿童后仰或躺下，万一出血不止就会向后流到咽喉而吞下去，大人们往往没有警觉到大量的出血，不但容易吸呛入气管，极其危险，而且血被吞入肠胃中会刺激黏膜，造成不适或呕吐。

　　宝宝流鼻血的正确处理方法：不可慌乱，要镇定，安抚被惊吓的孩童，头部应该保持直立，用手指局部压迫鼻孔内侧1~2厘米处的鼻中隔黏膜5~10分钟，看看能不能止血，可能要重复几次，如果仍血流不止，则可能出血严重或有凝血的问题，要送医院做进一步的检查与处置。

4. 其他部位出血

　　对于有伤口的出血，第一步要压迫伤口止血，压迫伤口时要使用干净的纱布覆盖，避免感染。万一碰到大量出血，快速直接施压伤口持续5~15分钟，且将伤口部位抬高，也可使用止血带绑住出血的上方，但不可过紧或太松，每50~60分钟要松绑一次，以免组织缺血坏死，紧急止血后就要立即送医院进行治疗。

5. 抽筋和痉挛

　　你一定在电视上看过的典型癫痫大发作：两眼上吊、嘴唇发紫、牙关紧闭、口吐白沫、四肢一阵一阵地抽动，完全不省人事，持续几分钟后才瘫软无力地昏睡过去，一段时间后会自行渐渐醒来。幼儿脑部发育仍不成熟，常会随着突然发高烧而引发抽搐的现象，叫作"热性痉挛"，以家族性的遗传居多，好发年龄的分布主要为6个月至5岁之间，最高峰为周岁左右。

热性痉挛的处理通常是注射抗癫痫药物停止抽搐，也可以选择直肠塞剂，此外保持呼吸道通畅，以及体温、水分、电解质之适当补充及休克的处理均十分重要，对于发作次数频繁的病童，可在病儿发热初期即给予药物防止发作。一般而言，热性痉挛是一种良性的小儿科神经疾病，在医生的诊治和定期的追踪治疗下，绝大多数的小孩在满5岁以后就不会再发作了，所以热性痉挛并不是癫痫，不需要长期给予抗抽搐的药物治疗。

在处理这类患儿时，最重要的是找出引起患儿发作的原因，首先要排除脑膜炎或是脑炎引起的抽搐。热性痉挛的患者在发作1星期内会有异常脑波的干扰，所以脑波检查要排在发作后的10~14天以后。如异常脑波持续过久，则仍有可能引发成为癫痫。

小孩发生痉挛时该如何处理呢？建议你先将宝宝头部侧置，头下垫个软软的垫子，同时把口内的东西清空，以免呼吸道阻塞，移走宝宝周围坚硬可能伤到他的物品，而且不要强行放置任何物品于宝宝口中，这样可能造成伤害的机会远比宝宝自己咬伤舌头的机会更大，然后赶快送医院治疗。

6. 可怕的烧烫伤

玩火对好奇宝宝有致命的吸引力，所以灼伤、烫伤居孩童意外中的首位，而灼伤、烫伤紧急的处理，已有一个大家都能朗朗上口的口诀：冲、脱、泡、盖、送。

（1）冲：大量流动清水冲淋，可降温及止痛。

（2）脱：在水里小心脱除衣物，以免刺激皮肤。

（3）泡：伤口在清水里持续浸泡30分钟。

（4）盖：覆盖干净纱布，以免受感染。

（5）送：赶快送医院急救。

此外化学强碱或酸的灼伤也不少，家里常见的酸有马桶清洁剂和除锈剂，而常见的碱是包粽子的食用碱液、洗衣粉、洗洁精以及其他的清洁用品等。

7. 药物和化学品中毒

孩童常见的中毒是家庭中的清洁用品，如强酸、强碱、指甲油、爽身粉等。药物中毒也是常见的儿科急症。迅速且正确的诊断与治疗，是决定愈后好坏的关键，所以一定要将可疑物品药品交给医护人员，让医生快速作出判断。

总之，预防重于治疗，随时盯住宝宝，绝不要把宝宝一个人留在家里，有意外时可打电话向120或是其他紧急医疗机构求援，也可打电话给毒物管制中心询问，不过别自己当医生，情况不明时还是要尽快送急诊。

8. 蚊虫叮咬、动物咬伤

症状轻微的可以用干净的冷水冰敷，也可以擦凉凉的药膏，但小心别弄到眼睛，也可抹一般湿疹药膏来止痛止痒，同时保持伤口干净。平时最好将宝宝的指甲剪短并常帮他洗手，以免因为太痒让宝宝抓个不停造成感染，甚至引起蜂窝性组织炎，所以一旦发现伤口出现红、肿、热、痛甚至发热，就要赶紧就医。

被动物咬伤时要先用清水清洗伤口，然后用消毒过的纱布包扎，伤势严重者要快点送医，如果被动物咬伤则有可能感染破伤风及狂犬病的危险。

9. 扭伤、骨折

没有伤口的扭伤会造成肿痛淤血，如果宝宝受伤了，你可以在刚受伤几天帮他冰敷，这样可以使血管收缩，避免持续地出血，过几天后，就可以帮宝宝温敷消肿。尽量让受伤的部位休息，减少活动且固定后应抬高，以减轻肿胀与不适。

孩子最容易引起骨折的部位是手肘、手腕、锁骨、小腿等，如果是单纯的骨折，也就是骨头断裂，但未穿破皮肤造成伤口，就不应该过度搬动受伤的部位，可以先用夹板固定骨折处。复杂骨折就是指骨头断裂并穿过皮肤造成开放性伤口，应先止血并处理伤口与包扎避免感染后尽快送医。

10. 跌倒、擦伤

跌倒常见的意外，如果宝宝跌倒了，请你先检查宝宝有无体表、骨头及头部的损伤，有没有伤口出血甚至骨折等，伤口清洁后帮宝宝涂上优碘或抗生素药膏防止感染，接下来观察宝宝是否有异于平常的状况，如哭闹不止、异常的嗜睡、呕吐甚至抽搐等，如果有这些情况，要赶快带他去看医生。

第3节　过敏体质从哪来

Q&A 何谓"过敏体质"，会遗传吗？

我们常常听到"过敏"这个词，但到底什么是"过敏"？所谓的"过敏"其实就是一种免疫系统失调的状态。身体有排他性，对于某些外来的刺激容易产生过度反应，举例来说，有些人吸入冷空气会引发气喘，有的人会接触某些材质表皮就会产生局部性的发炎症状等，这些都是属于过敏的一种。

过敏可能出现的症状有很多，像皮肤痒、起红疹、打喷嚏、流鼻水等都是，造成过敏的原因也不胜枚举，下面章节我们来看一下为什么宝宝会有过敏体质。

你身边一定也有很多人一大早起床就会鼻水直流，或是喷嚏打不停等，更有些人吃这个也痒，吃那个也痒，对于海鲜等美食永远不敢碰，这些恼人的症状总是让人感到烦躁，更严重的过敏甚至还会危害生命，像药物过敏、气喘等，一不小心注意就容易带来严重的后遗症，到底过敏从何而来呢？

一、引起过敏反应的原因有哪些?

引发过敏的原因有很多，一般来说，因为环境与食物等外来因素影响而发生过敏的情况最多。当然，遗传也有一定的影响，根据临床上的统计，如果父母中有一人是属于过敏体质，生下来的宝宝也会过敏的概率大约有25%。

除了遗传的因素之外，环境和饮食更是引起过敏的主要因素，建议怀孕中的妈妈们，尽量减少自己处在这些环境下的机会，有过敏体质的妈妈也不要太紧张，维持良好的生活习惯，远离污染的环境等，都可以大大减少宝宝有过敏体质的机会。

1. 过敏宝宝的症状

过敏儿常会见到眼眶附近有黑眼圈，其中过敏性鼻炎是极常见的过敏疾病，不像其他过敏疾病可能会随年龄增加而改善，当季节变换的时候，或对灰尘尘螨过敏，都会造成喷嚏鼻涕连连。

如果流鼻涕数天了还没有改善迹象，而且有黄绿色的浓稠鼻涕、头痛症状时，就要怀疑是否有鼻窦炎的并发。由于反复的感染使鼻腔黏膜肿胀，造成鼻窦的开口阻塞，使鼻窦不易排出分泌物而引起发炎。同时鼻涕倒流到咽喉刺激所引发的咳嗽，也是持续久咳不愈常见的原因。

2. 遗传因素的影响

根据资料显示，如果父母当中有一人具有过敏体质，则生下来的小孩会1/3罹患过敏的可能。假如父母皆有过敏体质，生下来的小孩子得过敏的机会也会提高至2/3 。万一父母均有过敏体质，生下来的第1胎是个过敏儿，第2胎会过敏儿的概率将高达90% 。

过敏体质是许多人的共同噩梦，随着空气质量持续的下降，现在几乎每3个宝宝就有1个是过敏儿，不过你也不用太过悲观，只要怀孕期间多注意饮食及居家环境，绝对有助于降低生下过敏宝宝的机会。

3. 环境带来的影响

冷空气、二手烟、浮尘、动物皮毛等都可能是造成鼻子及皮肤敏感的重要过敏原因，打喷嚏流鼻水，或是皮肤上起了一颗颗的小红疹，都是常见的症状。要避免宝宝因为环境影响而产生过敏的情况，建议你从怀孕期开始，就要注意居家环境清洁。如果爸爸妈妈有抽烟习惯的，也最好可以戒烟，爸爸们尽

量不要在室内吸烟，减少孕、产妇吸入二手烟的
机会。

4. 饮食习惯的影响

食物过敏的病例大致可以分为两种，一种是
属于免疫性的，通常都是吃了蛋白质类的食物引
起。这些食物经人体吸收后会刺激免疫系统，产
生免疫球蛋白抗体E；如果对此类食物过敏的人，
当体内免疫球蛋白抗体E 数量过多时，细胞
会因此活化，并释放出组织胺，然后就会引
起一些皮肤红痒或是其他的过敏现象。另一
种食物过敏则与免疫系统无关，某些食物
因为含有特殊成分，会造成人体的无法
适应，例如有些人吃草莓、巧克力，或
是甲壳类食物，会出现皮肤敏感；有
些人吃了味精会发生脸部潮红、颈
部僵硬等症状；甚至还看过一些
病人会因为吃了某些食物而产
生偏头痛的现象。

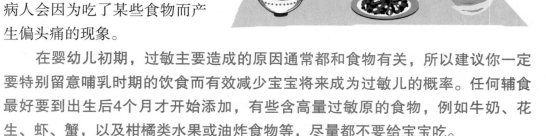

在婴幼儿初期，过敏主要造成的原因通常都和食物有关，所以建议你一定
要特别留意哺乳时期的饮食而有效减少宝宝将来成为过敏儿的概率。任何辅食
最好要到出生后4个月才开始添加，有些含高量过敏原的食物，例如牛奶、花
生、虾、蟹，以及柑橘类水果或油炸食物等，尽量都不要给宝宝吃。

二、何谓食物引发的过敏？

食物中某些特殊成分对某些人产生影响，造成皮肤上或是身体上的不良
反应，就可称为"食物过敏"。根据临床经验，食物过敏会因为每个人的体
质以及食物的种类而不同，反应上也有差异，症状有些很明显，但有时候很
难分辨。

要特别注意的是，食物过敏所产生的症状，除了反应在消化道、皮肤、呼
吸道等器官之外，严重时，有些过敏者的血压会下降，甚至发生休克。由于它
最容易发生在婴幼儿身上，所以常常造成妈妈们在喂养孩子时的困扰，并担心
小朋友会营养不良。建议你多花点时间去了解各类食物的属性以及随时观察宝

宝的身体状况，避开可能引起过敏的食物，如果你的宝宝已经出现过敏症状，一定要带至过敏专科诊疗。

大致说来，常见的食物过敏引致身体反应可分为下列3大类：

反应部位	消化系统	皮肤	呼吸系统
发生比率	70%	24%	6%
症　状	腹痛、恶心、呕吐、腹泻、消化道出血、口咽部瘙痒	风块疹（荨麻疹、风疹）、湿疹、血管水肿、红斑、瘙痒	鼻炎、气喘、咳嗽及眼睛瘙痒、红肿

1. 容易引起过敏的食物

会引起过敏的食物因人而异，约有90%的食物过敏是来自于食物中的蛋白质。一般而言，容易造成人体产生不良反应的食物有：

（1）海鲜类：虾、龙虾、蟹、贝类或是不新鲜的鱼，因为不新鲜的鱼会释放组胺造成过敏的症状。

（2）人工添加物：人工色素、防腐剂、抗氧化剂、香料等。

（3）豆荚类：花生、大豆、豌豆。

（4）核果类：核桃、腰果、杏仁。

（5）咖啡因：巧克力、咖啡、可乐、茶、可可。

（6）某些蔬果：芒果、草莓、番茄、柳橙类、奇异果。

（7）含酒精的饮料或菜肴。

（8）其他：蛋、牛奶、香菇、竹笋、残留农药的青菜。

2. 不易引起过敏的食物

（1）水果类：苹果、葡萄、桃子、梨、李子。

（2）肉类：羊肉、鸡肉。

（3）蔬菜：胡萝卜、马铃薯、绿色豆类、南瓜。

（4）谷类：大麦、燕麦、黑麦（这些谷类都含有麦麸，如果有乳糜泻症状的宝宝要避免食用）。

3. 让宝宝远离过敏食物

要防止食物过敏，最好的方法就是避免吃到会引起过敏的食物。但如果宝宝已经出现食物过敏现象，建议你先回想过去24 小时曾喂宝宝吃过哪些食物，一一过滤、剔除；如果可以确定过敏原因的话，下次就要避免再吃到这些食物，降低发生过敏的概率。某些像花生、贝壳海鲜、鱼、坚果、荞麦或芥末等食物，特别容易产生立即型的过敏反应，对这些食物过敏的人，通常一生都会对这些食物过敏。但对其他食物，像牛奶、蛋、豆奶、麦等食物产生的过敏反应则会随着年龄长大而消失。一般来说，当宝宝14 个月大以后，你就可以试着每半年左右添加1 种辅食，分量由少到多，再慢慢观察病征有没有减轻或消失。不过要是刚开始的过敏情况就很严重，添加这类辅食的时间就要延长。一般说来，宝宝食物过敏发作的年龄越大，或是起初之过敏程度越严重，持续时间越久者，对该食物的过敏反应就越不容易消失。

贴心小叮咛

容易食物过敏的危险因子

（1）遗传：如果父母有一人有过敏症状，小孩过敏的概率则增加1/3 。

（2）年龄：70% 的食物过敏发生在30 岁之前。

（3）气喘者：气喘的人对含亚硫酸盐的保鲜剂容易产生过敏，亚硫酸盐主要存在酒、新鲜及脱水的水果（如芒果干）、海产类等。

4. 对食物过敏的治疗

目前还没有直接的方式可以治疗食物过敏。所以，最好的方式就是避开会引起过敏的食物；对蛋过敏的人通常是因为对蛋白过敏，所以为宝宝添加辅食时，最好可以避免蛋白或全蛋制品；而对牛奶过敏的婴儿，大多数的人也对羊奶过敏，并有50% 会对豆奶过敏，所以建议你在帮宝宝换奶时，最好改用完全蛋白水解牛奶。

有家族过敏史的人，建议你至少连续喂母乳4~6个月以上，在哺乳期还要注意避免摄取高过敏原的食物（如牛奶、蛋、带壳海鲜、花生、豆制品、坚果等），可以减少宝宝过敏的发生。如果你的奶水不足或是有其他的原因没有办法喂母乳，则可以选择水解蛋白配方的低过敏牛奶，这有助于降低过敏发生率，辅食最好等宝宝6 个月大以后再添加。

注意外食标示： 如果在外用餐，或是购买包装食品时，应先注意或是询问

食物成分及学会看食物的标示，以免吃到含有过敏成分的食物在其中而不自知。例如对蛋会过敏的人，可能会忽略有些饼干、冰淇淋、油炸粉中也有蛋的成分，所以要详读成分标示；有气喘疾患的人也要小心，避免吃下含有硫添加物的食品。

避开交叉反应：如果同时食用多种易导致敏感的食物，可能会引起更为严重的反应，尤其是海鲜及坚果类、牛奶及羊奶，还有小麦及其他麦类等。

根据门诊追踪：大部分的小朋友可以随着时间推移，食物的过敏反应会减少，但也可能发生其他的食物过敏，原则上如果出现过敏症状一定要按时复诊，等到稳定后至少1年追踪1次。如果可以的话，建议你带宝宝去让过敏专科医生确定过敏原，更能有效地避免过敏的发生。

三、何谓药物过敏？

简单来说，当药物引发了体内的免疫反应，就会产生一种循环在血液中的抗体，称为免疫球蛋白（IgE），这种抗体会使体内肥大细胞释放出化学物质，引发各种过敏反应。这类的过敏反应占药物不良反应的6%~10%，当病患者为特殊体质时，发生的概率更高。发生药物过敏时，轻微的反应有皮肤红肿、瘙痒、发疹、眼睛肿胀等问题，而情况比较严重时则会有呼吸困难（喉头水肿）、血压降低、心跳减缓、皮肤脱皮或起水泡（严重时会类似烧伤的皮肤，又称史帝文强生症候群）、黏膜充血或溃烂（含口腔、鼻、生殖器）等，千万不可以大意。

四、宝宝也会对药物过敏吗？

常见到爸妈们带着生病的宝宝来门诊治疗，着急又紧张地问："听到某人因为药物过敏，严重到休克死亡的消息，让人听了好害怕，到底应该怎么预防药物过敏的发生，好担心宝宝也有药物过敏的问题。"

关于这个问题你不用过度担心，一般来说，一旦宝宝出现过敏的症状，可以请医生开一张过敏卡，和病历资料一同放置，以后就医或是领药时都要记得出示过敏卡，这样就可以避免宝宝一再发生过敏的状况。

五、药物过敏的反应有哪些？

曾经有一名高中生在上体育课时，不小心扭伤了脚，妈妈带他到医院求诊。医生诊断后开了一些消炎止痛的药物，但他服药1小时后全身开始起疹子，并伴随瘙痒，接着就开始呼吸困难，于是到医院急诊。

这就是典型的药物过敏症状，但每个人的过敏反应并不一样，有的人只有轻微反应，但严重者可能会危及生命。如果是第一次就诊，一定要告知医生是否有药物过敏病史。要特别提醒你，有些药物过敏属于延迟性反应，症状不一定会立刻出现，因此一旦过敏时，要先确认最近是否服用或注射药物，再来推论是否为药物过敏反应。

如果你的宝宝曾经发生或正发生药物过敏，可以请医院医生或药师开一张"药物过敏卡"，上面要记载曾发生过敏的药物名称，包括学名及商品名，以及药物过敏发生的症状等。每次看病时一定要出示给医生看，到药房领药时，也还是要出示过敏卡给药师看，以免再次引发过敏的症状。

一般来说，药物过敏的治疗多采用以下4种方式：

（1）禁断接触：停用及避免再次服用或注射过敏药物及交叉反应药物，医生开药时，应主动告知有药物过敏史。

（2）症状治疗：发生轻微药物反应时，大多数的医生都会使用抗组胺(antihistamine) 来缓解，而严重的皮肤过敏反应者则会加进口服类固醇(prednisone) 等药物，用来控制体内免疫系统的活性，缓解过敏反应。

（3）采取去敏感化：以小剂量、短时间间隔、逐渐提高浓度来注射导致病患过敏的药物，使身体对该药物不起反应。

（4）注射肾上腺素：对药物过敏反应严重者，要随身携带手圈或证件表明自己的病情，甚至可以随身携带救命的注射型肾上腺素，以备不时之需。

六、如何预防宝宝产生过敏反应？

有一个焦急的妈妈说，她的大儿子有严重的鼻子过敏问题，每天一早起床就打喷嚏，常到医院报到。现在她怀了第二胎，但却一点喜悦都没有，因为实在很怕再生出过敏儿，到底要怎么预防呢？造成过敏的原因有很多，最常见的就是吸入性过敏原，或是食物造成的过敏。所以准妈妈们一定要在怀孕期间就做好准备，注意体质调养，保持环境卫生及避免食用容易过敏的食物，这样可以减少生出过敏儿的概率。

可以理解妈妈们担心生下过敏儿的压力，因为最常见的遗传体质就是遗传性过敏病，其中又以气喘、过敏性鼻炎、过敏性肠胃炎、异位性皮炎等发生率最高，尤其是气喘，患病比率年年升高。

要预防过敏病的发生，你最好建立"从怀孕期就开始"的新观念，尤其是有过敏病史的家庭。只要把握几个要点，体质调养其实并不难，只要在怀孕前半年开始注意，避免接触过敏原，控制及减少过敏病发作，到了怀孕第 4 个月以后，多加强居家环境卫生，尽可能保持在低污染的无烟环境生活。

另外，鱼油中的多元不饱和脂肪酸可减低过敏发炎的反应，改善过敏症状，而益生菌也可以调节免疫系统。如果你的孩子已经有了过敏的症状，一定要尽快看医生并配合治疗，有时间最好还可以跟孩子一同做点简单的小运动，这样不但可以减轻过敏症状，也有助于消除你的压力。

过敏性疾患的特性是有"记忆力"的，就像小朋友定时注射预防针一样，不断去刺激身体产生免疫力，就可以让免疫力不断增强。对抗过敏的道理也是一样，只要把握基本的照顾原则，过敏疾病是可以有效预防的。

第4节 宝宝发育异常的问题

Q&A 宝宝的脖子总是歪斜，是不是发育异常？

有些妈妈发现，宝宝的脖子总是往同一边倾斜，如果你发现宝宝有这个现象，就要特别注意观察他的颈部内侧有没有硬块的特征，一般产生硬块是在出生后1周左右，一直到3周大的时候，称为"斜颈"的现象。

大部分的情况都是向一边歪斜，也有少部分两边都有此症状的个案，一般来说满周岁之后都会慢慢痊愈，不用太紧张。

父母关心的莫过于宝宝的健康问题了，如果宝宝的脖子总是向同一侧倾斜，颈部也有硬块，在医学上也有因为斜视、骨骼畸形、耳朵障碍、感冒等造成的淋巴结肿大而造成硬块的个案，不过几乎都是原因不明、与生俱来的。但是如果宝宝只习惯往一边倾斜，在满月的健康检查时，可以先请医生检查是否为斜颈，如果是天生的，到了周岁以后就会慢慢痊愈。不过要注意斜颈宝宝多半会朝有硬块的另一侧睡，小心宝宝的头型会变歪。

一、为什么宝宝发育异常？

许多怀孕的妈妈都会问，很担心腹中的小宝宝会有发育异常（畸形）的问题，老实说，近年来医学界虽然已对先天性畸形研究有很大进展，但大多数状况仍找不出确切的原因。发育异常有些可以用肉眼看得到，也有肉眼看不到的，有些发生在体表，也有些发生在体内。至于发生的原因有可能是遗传因素（如染色体异常与基因突变），也有可能是环境因素（如传染性病原体与药物）所引起的。但常见的畸形，大多是因为遗传加上环境因素的相互作用造成。

1. 遗传因素所引起的畸形

（1）染色体数目的异常。以三体型较为多见。三体型是某一染色体是三个而不是正常的一对。染色体的三体型主要与三种综合征有关：最常见的是 21 号三体型，即唐氏综合征（先天愚型）。其特征为智力缺陷、短头、塌鼻梁、舌伸出、第五指弯曲及先天性心脏畸形。 18号三体型综合征，表现为智力缺陷，枕部突出、胸骨短、室间隔缺损、低位畸形耳、弯曲指及指（趾）甲发育不全。13号三体型综合征，表现为智力缺陷，畸耳，小眼、双侧唇裂、腭裂、多指（趾）等。

（2）染色体结构的异常。大部分染色体结构异常是由于各种环境因素，如辐射、药物和病毒所引起的染色体断裂，而导致各种畸形。

（3）突变基因引起的畸形。目前认为10%~15% 的先天畸形是由于突变基因引起的。这类畸形是按照孟德尔定律遗传，所以可以推断出这类患者的后代及其亲属中发生此种畸形的概率较高。

2. 环境因素所引起的畸形

（1）导致畸形的药物。目前虽然有关对人类有致畸作用的药物已有很多报道，但已被明确定为对人体发育有致畸作用的药物只有极少数。例如对甲状腺有影响的药物如止咳剂中的碘化钾和放射碘，都可能引起新生儿先天性甲状腺肿。而抗甲状腺药物也可能引起先天性甲状腺肿或甲状腺功能低下，所以在怀孕期间，药物的使用一定要特别注意。

（2）导致畸形的化学物质。近年来各界对环境中化学物质（包括工业污染物和食品添加剂）的致畸作用特别注意。虽然还没有办法确定究竟哪一种化学物质对人类会产生致畸作用，但可以证明的是，目前已经发现母亲如果在怀孕期大量吃含汞的鱼类时，生下来的宝宝会出现类似大脑麻痹的神经和行为上的错乱。甚至还在某些病例中看到有严重脑损害的个案，造成智力发育不全和失明。

（3）导致畸形的传染性病原体。有些微生物能穿过胎盘膜进入胎儿血液，造成胎儿中枢神经系统损害，风疹病毒感染性致畸因子是最明显的例子。曾经看过一个妈妈，在怀孕前3个月患了风疹，结果生下了宝宝就是先天性畸形。另外，单纯疱疹病毒也要小心，最容易发生在临近分娩时，在出生前数周被感染的胎儿，可能会有小头、小眼、视网膜发育不良和智力迟钝的先天性畸形问题。

（4）导致畸形的辐射。电离辐射有强烈的致畸作用，在胚胎发育的敏感期（第2~8周）母亲照射大剂量X线或进行激光治疗，会引起胎儿小头、智力迟钝和骨骼畸形。除了对胚胎和胎儿的致畸作用外，辐射还可引起胎儿生殖细胞的突变，造成后代发生先天性畸形。

（5）导致畸形的机械因素。羊水过少也可能会引起胎儿四肢畸形，如先天性膝反屈或膝伸展过度。当胎儿生长时，由羊膜囊状物或纤维环所造成的局部压缩，也可能引起子宫内切断肢体或造成其他畸形。

二、宝宝的疑难杂症，该看哪一科？

在门诊中，医生每天都要回答许许多多不同的问题，发现许多妈妈对于眼睛、耳朵和性器官的疑虑最多，在这里建议你，如果觉得宝宝生病或有任何疑虑时，应该去找专科医生询问或检查，觉得宝宝有任何问题，却不知道要找哪一科时，可以先带去给小儿科医生检查。

1. 近视是会遗传的

近视是容易遗传的体质，不过近视也不

完全都是遗传所导致的，有半数的人都是因为后天的影响，因此，在日常生活中的预防措施也很重要喔！例如看电视的时候，不要给宝宝太小就看电视，不要让孩子靠得太近，也要避免孩子长时间看电视。

曾经有一个妈妈问，她拿玩具在2个月大的宝宝眼前晃他却没有反应，是不是视力有问题？这真是过度紧张了，其实，宝宝的视力尚未发育成熟，眼睛对焦能力还没发育好，对于宝宝来说，距离眼睛20~30厘米的位置比较容易对焦，你可以用这样的标准来测试宝宝。不过，婴儿期的宝宝即使知道眼前有东西，但还无法理解那是什么。宝宝有时候会以眼光追踪他感兴趣的物体，2个月大的宝宝对玩具没有反应，可能是他对这个玩具没有兴趣，要不然就是他心情不好。如果眼睛真有毛病的话，你可以观察宝宝眼睛是否罩着一层白膜或有无其他的征兆，不用过度担心。

2. 黄疸会自然消退

黄疸是会发生在所有婴儿身上的生理现象，一般而言，在宝宝出生后7~10天就会消退，如果情况严重或发生其他并发疾病时，才需要加以治疗。如果宝宝没有其他特别的疾病，出院后黄疸现象仍未消退，则可能是母乳性黄疸所致，这是喂母乳的婴儿才有的症状，原因不是很清楚。有可能是因为母乳中的激素和脂肪对宝宝的肝脏功能产生影响所致。

如果是母乳性黄疸的话，只要停止喂母乳2~3天，黄疸现象应该就会自然消退，这样就可以知道问题是不是出在母乳。不过，不建议因为这样就停掉母乳，仍然可以继续哺喂下去，宝宝过了1~2个月也可适应痊愈。

不过要提醒你，如果宝宝皮肤泛黄的程度很严重，甚至连眼白的部分也是黄黄的话，有可能是发生感染症、代谢方面的疾病或是肝脏方面的疾病。另外，黄疸现象严重又同时排白便的话，要小心是先天性胆管闭锁，如果你发现宝宝有这些症状的话，一定要立刻送到大医院接受治疗。

3. 听力有问题要及早检查治疗

常有朋友或是病人问：叫宝宝不回头，是不是他听不到？如果是6个月以下的宝宝，有可能是由于颈部肌肉还没有发育完全，所以没有办法回头，此外，前面提到，宝宝对于不感兴趣的事物不会回头去看的，就这样判断宝宝的听力有问题有点太言之过早。要确定宝宝的听力是否有问题，你可以用几项指标观察，如果躺着时有大声响会有惊吓反应、会被吸尘器和人的声音吵醒，和他说话时会有高兴的反应，这样听力应该就没有问题了。

如果宝宝真的有听力的问题，一定要带他去找专科医生治疗。听力问题虽然不是常见的疾病，但它会影响到语言的发展，千万不可以忽视。近年来听力特殊教育不断进步，只要及早发现，可以依照类型、程度，装上助听器等辅助工具，语言发展也不会太迟，多数听力有问题的孩子到了学龄期时，也可以到一般学校上学，所以，如果发现宝宝的问题，一定要去找专科医生，以免延误治疗。

要特别提醒你的是，有些轻度听力问题的宝宝，由于对于近处的声音会有反应，所以大人不会察觉到有问题，等到2~3岁时宝宝才开始出现语言发展期明显迟缓、对声音的感觉迟钝的现象，所以，定期的健康检查绝不要偷懒，毕竟早期发现早期治疗，对宝宝才是最好的。

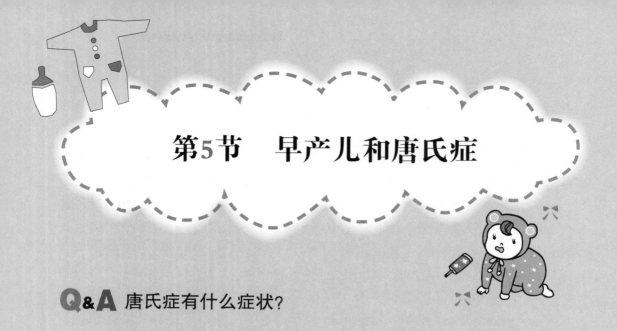

第5节 早产儿和唐氏症

Q&A 唐氏症有什么症状?

唐氏症是一种先天性疾病,是最常见智能不足的病因之一,因为基因突变而导致的智能发展迟缓。患者的长相有许多共同特征:头围较小、后脑勺扁平、颜面较平塌、眼睛斜向外上方、眼眶内侧有赘皮、塌鼻子、耳朵较小且位置较低、经常张口伸舌、小指弯曲等。后天环境的影响及塑造多少也会改变唐氏症孩子的面貌,因此不要刻板地把唐氏症患儿当成印象中的白痴患者。

宝宝健康平安地成长相信是全天下唐氏症宝宝的爸妈共同的愿望,不过因为高龄产妇越来越普及、空气和环境的污染、生活习惯不良导致的文明病高发生率等,导致宝宝有基因异常的情形越来越严重,这可是一辈子的事喔!千万要谨慎面对这些问题。

一、不足几周出生的宝宝称为"早产儿"？

早产儿由于提早出生，身体的各个器官及功能的发展都还没成熟，通常必须要借助特殊的医疗措施来促进宝宝能够正常的生长发育。早产儿宝宝在住院期间，会有专业的医护人员照顾，但是出院后一切的养护责任必须由你来承担了，所以，如何照顾早产宝宝就是爸妈们所必须要学会的重要大事。

如果妈妈怀孕 20~36 周就分娩，我们称之为"早产"，如果宝宝出生体重低于 2 500 克，则称之为"低体重"，而宝宝出生体重低于 1 500 克者，称为"极低体重"。我们医学上所谓的"早产"，特别强调的是妊娠 32 周以前产出，或是体重低于 1 500 克的早产儿。

一般来说，如果宝宝出生体重愈低，早产儿面临的问题也会愈多。台湾地区近年来每年有 20 多万名新生儿，周产期死亡率高达 1.5%~2%（周产其死亡率是指死产，或出生后 7 日内死亡者），也就是说每年 3 097~4 130 名新生儿死亡。

除了死亡之外，早产还有可能会并发各种急性疾病和慢性疾病。根据统计资料显示，一半以上的极低体重早产儿需要靠呼吸器维持呼吸，其他的早产儿并发症还有高黄疸血症、败血症、后晶体纤维化导致失明、呼吸道疾病或是颅内出血所遗留的神经的伤害及脑性麻痹等，不但会影响孩子的一生，也是家庭和社会沉重的负担。不过如果妥善照顾，早产儿还是有机会健康、平安成长的，爸妈们也不用太悲观。

二、早产儿该怎么照顾？

照顾出院的早产儿可能需要的装备有：氧气筒（机）、抽痰管、抽痰机、喂食管及喂食空针、血氧监视器，这些设备要看宝宝的状况而定，最好是询问过医生，然后在宝宝出院前就先准备好。

（1）**适时的胸背部拍痰**。轻轻拍宝宝的胸部和背部的动作可以对肺、气管不佳的早产儿极有帮助。

（2）**喂食方式少量多餐**。刚出院回到家的宝宝，前 2~3 天每餐的喂食量可以先维持和在医院时一样的量，不必特别增加，再看宝宝的适应状况再逐渐地调整，因为环境的变迁对宝宝的影响是很大的，尤其是胃肠的功能。建议你尽量采用少量多餐及间断式，每吸奶 1 分钟就将奶瓶抽出口腔，让宝宝顺顺呼吸约 10 秒钟，然后再继续喂食，这样的喂食方式可以减少吐奶发生对

呼吸之压迫。

可以视情况喂食特殊配方的奶粉（如早产儿奶粉），以促进消化及增加营养吸收。

（3）保温对宝宝很重要。早产儿抵抗力不好，对温度也相当敏感，保持温度对他来说特别重要，所以要注意室内温度的衡定性，以避免宝宝生病。

（4）定期追踪及治疗。保持与新生儿医生密切的联系，并定时的回院复检，如视力、听力、黄疸、心肺、胃肠消化，并接受疫苗接种等。

（5）熟练幼儿急救术。平常要事先练习幼儿的急救术，当宝宝有吐奶、呛奶、抽搐、肤色变化的症状发生时，就要尽快先处理，以免耽误了急救的时机。

三、为什么会生下唐氏症宝宝？

一般正常情况下，宝宝染色体是成双成对的，总共有23对46条染色体，唐氏症患儿则有47条染色体，比正常人多出1条21号染色体，也因此形成异常的症状。至于为什么会多出1条染色体，绝大多数是精子或卵子形成过程必经的染色体减数分裂出了差错，导致不正常的减数分裂产生不正常的精子或卵子，受孕之后便会造成染色体异常，绝大部分都是偶发的突变，少数是因为父母一方遗传下来的异常细胞所致。

在台湾每800名新生儿中，就有1位是唐氏症宝宝，相当于每天有1位唐氏症宝宝诞生，然而就统计上而言，高龄产妇比较容易产下唐氏症宝宝，不过现在年龄层有下降的趋势，产前检查是可以及早发现的，所以不要忽略产前检查的重要性喔！不论是不是第一胎，如果你的年纪大于34岁，或是曾经生下过唐氏症宝宝，又或近亲中有人罹患唐氏症的话，你就会有比平常人稍高的概率生出唐氏症宝宝。如果你符合以上条件的任一项，一定要接受产前遗传咨询，并做进一步的检查。

四、唐氏症宝宝会痊愈吗？

如果你问，唐氏症宝宝可以治好吗？只能很残酷地告诉你，答案是否定的。目前为止没有任何医疗方法可以治好唐氏症，或是让病情减轻。所有治疗唐氏症儿童的方法都是针对他们的病情去治疗；对患有先天性心脏病的孩子做开心手术，对患有十二指肠阻塞的孩子进行剖腹探查及肠道畅通手术，而对于智能不足的状况，最好及早开始教育训练，让小朋友不断学习和接受环境的刺激，发挥他们的潜能。

虽然唐氏症无法根治，但也不需要太灰心，只要配合专业人员的指导，投身孩子的"早期疗育计划"，就可以让孩子的能力发挥到极致。在医院的案例中，曾经有 2 个表现极佳的唐氏症患者，在 3~7 岁时的智商就已达到70~80了，几乎是正常人的标准范围！这可不是这些宝宝变聪明了，而是"早期疗育计划"让他们可能被埋没的潜能得到充分的发挥，但是如果你放弃了，就可能让宝宝失去发展的好机会。

一般来说，经由产前检查是可以诊断出腹中宝宝是否罹患唐氏症的，所以建议所有属于高危人群的孕妇都应接受产前遗传诊断，经由"绒毛膜采样术"或"羊膜穿刺术"取得胎儿细胞做培养及分析，事先得知胎儿的染色体是否正常。至于该采用哪一种方法则必须征询专科医生的意见，不过如果想选择"绒毛膜采样术"，建议你最好在大型医学中心进行，而且要在妊娠10周之后，手术后记得要定期做超声波追踪检查。

大多数的唐氏症宝宝是生自于 20~35 岁的母亲，而且也都没有家族史，因此妊娠 16~20 周间抽验孕妇的甲型胎儿蛋白（AFP）就显得格外重要。如果有AFP 值呈现过低的现象就必须密切注意，如果有怀疑，你可以再复检看看，如果数值仍然很低，你就要接受详细的超声波扫描，并安排羊膜穿刺术，确认宝宝是否染色体异常。如果真的不幸染色体异常，就可以及早做选择性流产。经由这样的筛检可查出60%左右的唐氏症宝宝。

1. 唐氏症宝宝容易有的并发症

一般来说，唐氏症宝宝的身高、体重都比正常孩童低，而且发育比较慢，在婴幼儿时期，他们的肌肉张力较低，活动力不太好，抵抗力也较差，比较容易生病，必须小心照顾；另外，有半数的唐氏症宝宝都会并发有先天性心脏病，需不需要开刀必须详细检查后再决定。

唐氏症伴随有肠胃道系统畸形的概率有6%~10%，泌尿道异常则为3%~5%，唐氏症宝宝中，有30%~40% 被发现有先天性心脏病。这些先天性心脏病又以心室中隔缺损及心内膜缺损较为常见，统计约占2/3。因此，每个唐氏症宝宝都需要接受胸部X线、心电图及心脏超声波等非侵入性的心脏专科检查。如果发现有心脏方面的问题应该及早接受小儿心脏专科医生的专业照顾，其他较少见的并发症还有白血病、甲状腺功能低下症、痉挛症、视力异常等；有不少的唐氏症宝宝由于体温调节中枢机能不良，小时候体温会不太稳定，特别容易有夏季热。如果生下了患有唐氏症的宝宝，一定要尽可能与医生合作，给宝宝适当的治疗和照顾。

2. 及早疗育、开发潜能

　　唐氏症宝宝大都会有中等程度的智力低下情况，但是如果可以趁早疗育，多半都有改善。如果真的生下了唐氏症宝宝，现代的医学可以提供良好医疗服务，有90%以上的病童是可以像一般的儿童一样快乐生活的，不必太过忧心。可以理解照顾唐氏症宝宝的父母有多辛苦，除了需要面对异样的眼光，还要依照唐氏症宝宝的成长的时期而投入更多的心力，依照不同年龄，需要给予不同的安排照护，下面我们就一起来讨论一下照护的方式和重点吧！

　　（1）健康维护。唐氏症宝宝身体的缺陷为常见先天性心脏病、胃肠道异常、甲状腺功能不足等，愈早治疗愈好。

　　（2）亲子关系。父母亲的爱抚与拥抱可以促进唐氏症宝宝身心的发展，与祖父母、兄弟姐妹及其他亲人的互动关系，对唐氏症宝宝未来人格的发展也相当重要。让唐氏症宝宝懂得爱、享受爱，但是不要太溺爱，才是正确的教养方式。

　　（3）早期疗育。神经肌肉运动，语言发展训练，只要父母配合教导，大部分唐氏症宝宝的语言沟通都可以符合基本的需求。

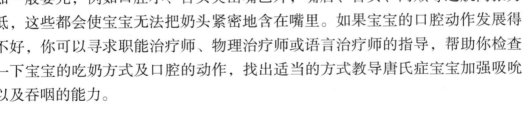

　　（4）特殊教育。要教导唐氏症宝宝学习与他人互动、合群、规矩，唐氏症宝宝较一般人固执，但服从性高，具有超强的模仿能力及擅长表演，工作能力可以培养，成年之后大多可以顺利进入职场。

3. 日常生活照护的11个要点

　　（1）建立常规和纪律。不要让唐氏症宠坏了你的宝宝，纪律和常规对唐氏症宝宝的重要性跟其他的孩子一样。你必须让宝宝知道，如何遵守规矩，什么事情可以做，什么事情不能做，千万不要让宝宝操纵你。

　　（2）喂乳要有技巧。由于身体的特征，有些唐氏症宝宝的吸奶能力会不如一般婴儿，例如口腔小、舌头突出嘴巴外，嘴唇、舌头、两颊等之肌肉张力低，这些都会使宝宝无法把奶头紧密地含在嘴里。如果宝宝的口腔动作发展得不好，你可以寻求职能治疗师、物理治疗师或语言治疗师的指导，帮助你检查一下宝宝的吃奶方式及口腔的动作，找出适当的方式教导唐氏症宝宝加强吸吮以及吞咽的能力。

喂母乳：姿势是喂奶的重要因素之一，为诱发宝宝觅食及吸吮的动机，可用乳头或嘴在宝宝的脸颊或嘴唇上轻轻使点力，以诱导他的觅食反射，使头转向刺激源，也可以用手或一块毛巾放在他脸上，由两颊往嘴巴方向重复摩擦，这样做可以使他噘嘴，让宝宝能够把乳头或奶嘴紧密含在口里，还可以把宝宝的身体抱在或摆在比较直立的姿势。这些诱发觅食、吸吮、吞咽的技术最好喂奶前实施，也就是宝宝肚子饿的时候，实行起来最有效。

喂牛奶：选择合适宝宝用的奶嘴和奶瓶，市面上提供许多不同种类的奶嘴，你的宝宝对某一种奶嘴的反应可能要比另外一种好。选择奶嘴应该检查牛奶流出是否能均匀通畅。软性塑料奶瓶或用完即丢的塑料袋，容易挤压可帮助牛奶平顺流出，对于吸吮力弱的唐氏症宝宝比较有帮助。

奶嘴：安抚用奶嘴也可以帮忙强化唐氏症宝宝的吸吮能力，安抚用奶嘴可以强化口腔动作的控制能力，也具有安抚宝宝的作用。

喂食姿势：肌肉张力低会使唐氏症宝宝不容易维持良好的吸奶姿势，建议你多给他一些扶靠，帮助他吃得舒服而且有效率。如果是新生儿，你应该舒适安全地把他抱在怀中，等到稍微大一点的时候，可以把他摆成半坐卧式姿势，并让头稍向前倾。

喂食时间：宝宝的喂食时间可依照时间表或宝宝的需要，通常是每隔3~4小时喂食 1次或是当宝宝饿的时候才给他食物。一般说来，最好是按照需求喂食。尤其是在喂奶方面有困难的唐氏症宝宝，在饿的时候或他想吃的时候才给他吃，会使喂食进行得顺利些。有些唐氏症宝宝常常睡过喂食时间，如果有这种情形，你就要确实掌握进食时间，以免唐氏症宝宝无法获得充足的营养。

（3）尽早给固体食物。早一点给唐氏症宝宝固体食物，可以帮助他发展如感觉能力以及口腔内的精细动作。唐氏症宝宝对不同质地的食物特别敏感，可以请教医生、治疗师，给宝宝固体食物的最佳时间。你必须教导唐氏症宝宝学会进食的技巧，刚开始的时候，他一定会吃得很脏乱，你不能失去耐心，随时擦去宝宝掉下的东西及清洁他的脸和双手，经过不断地重复练习，每个唐氏症宝宝一定都可以学会自己进食。

（4）鼓励宝宝用手拿东西吃。当宝宝能够吃固体食物时，就可以开始让他们自己用手拿东西吃，这对他们而言是很重要的，而且是很享受的一件事。能用手拿东西吃，不但表示他们的独立性，而且是探索环境的另一种方式。除此之外，更可以帮助唐氏症宝宝发展手的感觉能力以及手的精细动作控制能力。

（5）**用正确姿势进食。**和喂奶一样，正确的姿势对吃东西非常重要，宝宝的坐姿会影响到他取食的动作协调能力。唐氏症宝宝应该坐在高椅子上，躯干稳固，桌高至他的肘关节，脚踩放在脚板上。有些宝宝需要有靠垫帮忙，以保持正确稳定的姿势方便进食，你可以请教老师、职能治疗师或物理治疗师看看宝宝是否需要额外的靠垫，并且应该垫在那里。此外，吃饭的时候也可以帮助宝宝发展语言以及培养自助能力。

（6）**控制宝宝的体重。**先天性心脏缺损的唐氏症宝宝体重增加缓慢，除了应该接受心脏科医生以及小儿科医生的监测，特殊饮食和其他医药上的处理也可以帮助宝宝增加体重。唐氏症宝宝的家长特别要注意宝宝体重增加情形，已经有一些研究报告，报告中指出约有25%的唐氏症宝宝过于肥胖，大多是因为吃太多，或是肌肉张力低、活动量太少而导致的。有些妈妈会用甜食或是高热量的垃圾食物来奖励孩子，才会造成宝宝过胖。

（7）**预防宝宝便秘问题。**许多唐氏症的宝宝有便秘的问题，这可能是由于肌肉张力低，宝宝排便有施力上的困难。如果你发现了这样的问题，首先，你要开始控制宝宝的饮食，谷类、蔬菜及充足的水分一定不可少，因为这些东西可以帮助消化，减低便秘的概率。如果宝宝在排便的时候还是很辛苦，你可以试着把他的腿屈靠在他的肚子上，这样可以使腹压增加，帮助排便。

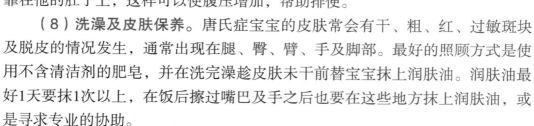

（8）**洗澡及皮肤保养。**唐氏症宝宝的皮肤常会有干、粗、红、过敏斑块及脱皮的情况发生，通常出现在腿、臀、臂、手及脚部。最好的照顾方式是使用不含清洁剂的肥皂，并在洗完澡趁皮肤未干前替宝宝抹上润肤油。润肤油最好1天要抹1次以上，在饭后擦过嘴巴及手之后也要在这些地方抹上润肤油，或是寻求专业的协助。

（9）**注意脸部的清洁。**

鼻子：唐氏症宝宝由于鼻道较小，所以鼻涕通常很黏稠，建议你可以在家里使用冷雾润湿机，这样宝宝的鼻涕才不会过于黏稠，比较容易呼吸。帮宝宝擦鼻涕时要用湿布或软的棉质布或湿纸巾，如果鼻涕干掉时可以用面霜或乳液清除。注意不要因为常擦拭鼻涕而过度刺激皮肤，擦点润肤膏或乳液以减轻皮肤受到刺激。

眼睛：和其他小孩一样，唐氏症宝宝有时会发生泪管阻塞的情形，使眼睛充满泪水和眼垢。为了避免泪管阻塞，你可以用干净的湿布或湿棉球轻轻地沿着眼睛内角向外，往耳朵方向擦拭他的眼睑。

牙齿：像一般孩子一样，应该尽早灌输唐氏症宝宝照顾牙齿的好习惯。刷牙可以帮助激发一些技巧的形成，例如因刷牙习惯口腔内的感觉刺激，在镜子面前练习发音，以及学习如何自己操作牙刷等。

耳朵：除了感染之外，照顾唐氏症宝宝的耳朵和对待一般孩子一样，不需要用东西去挖耳道，因为耳垢会在耳朵里自然形成并且推向耳外，只要轻轻洗外耳、耳根后头及擦拭干即可。

（10）教导宝宝活动肢体。除了一般生活上的照护之外，教导唐氏症宝宝的肢体活动也是非常重要的，因为唐氏症宝宝肌肉张力低，关节稳定度不够，这些都会使肢体不利于将来坐、爬、行走的姿势。早期的动作形式会影响宝宝以后的发展，并且影响孩子将来的社会接受度及自尊。唐氏症宝宝如果动作正常，可以教他做较多正常小孩能做的事，例如攀登、跑以及游戏等。良好的动作发展也会改善宝宝的姿势、活动能力、动作协调能力以及耐力。

除非宝宝有特别的问题，不然不要把唐氏症宝宝当作易碎物品一样，他们跟一般孩子没什么不同，喜欢玩闹、游戏。如果你可以以身作则，把唐氏症宝宝当成一般的家庭成员，对唐氏症宝宝发展会更有益。

运动对唐氏症宝宝非常重要，它可以打破因肌肉张力低而不爱活动、因不爱活动而肥胖，或是因肥胖而更不爱活动的恶性循环。唐氏症宝宝肌肉张力低，活动起来比较费力，所以你需要采取主动，在协助宝宝的动作上、设计运动课程上以及引起宝宝活动的动机上更为积极。

职能治疗师、物理治疗师、老师以及一些经过选择的书都可以帮忙你和宝宝开始运动课程。加强肌肉力量、改善动作的协调能力以及学习平衡，都能帮助小孩产生许多惊人的成效。

（11）选择固定医生和保姆。大部分小儿科医生都具有照顾唐氏症宝宝的能力，假如宝宝出生前，就选好了小儿科医生，建议你可以继续就诊，不要乱投医。

至于如何选择保姆，任何具有关怀、细心或是你觉得沟通容易的人，都可以当宝宝的临时保姆，不需要特别训练。当然，各大医学中心都有受过遗传咨询训练的专业人员，可以提供有关医疗、康复的信息，师范大学及各师范学院的特殊教育学系则可提供有用的教育信息，而由唐氏症患者的家长所组成的"唐氏症关爱者协会"也能提供各种疑难的实用信息，以及心理上的坚强支持。

第6节　关于婴儿猝死症

Q&A 何谓婴儿猝死症？

婴儿猝死症是指婴儿突然且无法预期的死亡，多半在宝宝睡觉时发生的，即使在事后的尸体解剖检查中，也找不到真正致死的原因。

凡是未满1岁的婴幼儿都可能发生婴儿猝死症，尤其以2~4个月这段时期最为常见，但也有一些是在出生后的1~2周内就会发生了，所以出生婴儿睡眠的时候爸妈要特别注意。

婴儿猝死症通常不分人种也不分地区，在全世界都可能会发生。一般而言，发生率为1‰～3‰，北欧白种人较多，而东方的黄种人则比较少。本章节我们就来认识一下婴儿猝死症吧！

一、发生婴儿猝死的原因有哪些?

婴儿猝死症指的是婴儿突然且无法预期的死亡,多半是在宝宝睡觉时发生的,即使在事后的尸体解剖检查中,也找不到真正致死的原因。不过在临床上,这样的案例并不少。

发生婴儿猝死症真正的原因在医学上并不明确,所以只能提供一些统计和信息给你,让你了解可能引发婴儿猝死发生的因素,避免造成悲剧,总之,多加小心才是照顾宝宝的上策。

1. 温度和环境不良

如果是比较冷的季节,例如冬天,可能会因为天气太寒冷,大家都窝在屋内,门窗紧闭空气不流通,病毒或细菌性的疾病容易相互传染,其中又以呼吸方面的问题特别多。宝宝的上呼吸道(鼻孔、鼻腔、咽喉)及气管特别狭窄,很容易因感染、发炎、肿胀及分泌物增加而导致阻塞,造成身体缺氧及二氧化碳堆积,最后就发生窒息的现象而死亡。

如果室内环境温度过高,有些妈妈在寒流来的时候太过紧张,会使用暖炉或是其他设备,让宝宝在温度偏高的环境下休息,这样的温度让宝宝好像再回到子宫里,容易抑制宝宝自发性的呼吸功能。其实,稍低的温度会使人精神抖擞、呼吸动作加强。建议你维持室内温度在25~30℃,这是最适合宝宝的。

在环境上,让宝宝的生存空间中充满危险的因素,如照顾不周全、营养失调、空气质量及卫生不好、屋内烟味过重等,都容易使宝宝发生意外。

2. 睡觉的姿势不良

很多爸妈都让宝宝趴着睡,因为相对于仰睡,趴着睡的宝宝比较安稳,肢体动作较少,所以容易忘记呼吸及挣扎。而出生三四个月内的小婴儿,因为本身肌肉力量不足,尤其是控制头部转动的颈部肌肉较弱,所以当口鼻被外物掩盖时,不容易靠自己的力量把脸移开,或是奋力挣扎。只要两三分钟的呼吸困难,幼儿全身就会瘫软无力而呼吸停止。东方人发生婴儿猝死症的概率较小,可能是习惯让宝宝仰着睡,在英国及新西兰近年来也开始提倡宝宝仰睡或侧睡。

许多研究结果都证实,减少宝宝趴睡可以明显减少婴儿猝死症的发生。所以,建议你千万不要让小于三四个月内的宝宝单独趴着睡,如果有必要,你一定要在旁边看着;尤其不能趴在松软的棉被或枕头上,以免脸鼻陷入,非常危险。

3. 和婴儿的性别有关

医学统计显示男婴比较容易发生猝死，实际的原因并不清楚。推断可能与体内的激素有关，因为雄性激素会稍微抑制呼吸，或导致熟睡时不呼吸，而且在医学上男婴确实在某些方面比女婴来得脆弱：例如平均寿命较短、疾病的耐性（力）较差、败血症死亡率高、新生儿黄疸概率高等。

4. 宝宝的身体状况不佳

有些宝宝因为没有喂哺母乳，或是母乳哺育较少，宝宝可能因为缺乏某些保护因子，容易感染疾病或产生过敏反应。

如果宝宝是早产儿，他的各个器官发育还不成熟，尤其是对维持生命最重要的大脑神经、心肺的功能、肺部及呼吸道结构、气体交换的呼吸作用等皆不健全，所以有可能因为莫名的原因而突然不呼吸，或呼吸道被分泌物阻塞而无力气挣扎反抗。

有些婴儿天生心脏有问题，就像成年人的心脏病突然发作一样，事前你或许看不出任何征兆，也就难以防范。

5. 宝宝容易呕吐或溢奶

如果宝宝吐奶或溢奶，可能因为这样的动作产生呼吸道的紧缩反射、憋气不呼吸或是吸呛等，容易造成窒息。

6. 妈妈缺乏育儿经验

很多新手妈妈因为自己缺乏经验，而忽略了宝宝的状况或是反应，这时候一定要多问人或是多看书，因为你的不自觉常常是导致宝宝生病的原因，例如：与宝宝同床共眠时，盖在自己身上的厚重盖被、毛巾压住了宝宝的脸部，妨碍了宝宝的呼吸而不自知；或是在怀孕期间的一些不良习惯，如抽烟、喝酒、偏食、滥用药物，你自己觉得没什么大不了，却不知这些行为会造成宝宝发育上的不明缺陷，而使宝宝出生后健康不良，容易死亡。

7. 遗传而导致的结果

如果兄姊曾有类似状况的宝宝也比较容易发生，虽然不见得每个个案都有遗传的原因，但在某些家族婴儿猝死症的发生率确实是高一些。有研究显示双胞胎的发生率为一般宝宝的40倍，而兄姊曾经发生类似婴儿猝死状况的，接下来的弟弟妹妹发生状况的概率则为一般婴儿的10倍左右。这可能和神经系统及呼吸功能的遗传特质有关。

二、如何预防婴儿猝死？

虽然到目前为止还没有百分之百安全的预防方法，也无法预知哪个婴儿会死于婴儿猝死症，原因也相当复杂。但是唯一可以确定的是，让你的宝宝仰睡，绝对可以有效降低婴儿猝死症的发生，即使是小睡打盹，也要让婴儿面朝上方，躺着睡觉。

让婴儿仰睡或侧睡比较安全，根据医界最新的研究显示，仰睡的婴儿较少死于婴儿猝死症。如果你担心宝宝仰睡时会因为吐口水、吐奶、吐痰或呕吐而导致窒息，其实是多虑了，因为宝宝会自己把口水、奶水、痰或呕吐物吞下去或吐出来，仰睡并不会导致窒息。

所以最好是确定你周围的每个人都知道让宝宝仰睡，告诉宝宝的所有亲人及孩子的照护者，一定要让宝宝仰睡。有些宝宝可能一开始时并不喜欢仰着睡，但很快就会习惯这么睡；仰睡的宝宝可以自由活动他们的臂膀和双腿，也更容易看清楚四周的一切。

第7章

婴幼儿应接种的疫苗与注意事项

大家都希望宝宝能够健健康康地成长，所以不断地检视宝宝的身体状况和发育，这是身为爸爸妈妈最重要的一件事。我们没有办法保证宝宝不会受到任何病菌的感染，毕竟在生活的环境中，潜藏了太多我们未知的危险，所以定期带宝宝去接种疫苗，千万别偷懒，做好了万全的预防工作，才不用等到宝宝生病了才担心、烦恼，还要花费更多的心力和金钱。

第1节　婴幼儿的健康检查

第2节　接种疫苗和幼儿药品

第1节 婴幼儿的健康检查

Q&A 宝宝的健康检查是免费的吗?

　　为了让宝宝能够健康成长，及早确定宝宝的发育是否健全、是否有任何疾病和异常状况等，建议从满1个月起，你就该带宝宝去医院做健康检查，尤其是早产儿宝宝或是身体状况有异常的宝宝，更要特别注意喔!

　　台湾目前提供未满6岁幼儿9次的免费健康检查，其中未满1岁4次、1~2岁2次、3岁、4岁与7岁以前各1次，健康检查前记得要准备好"儿童健康手册"。

根据世界卫生组织的统计值推估，台湾每年有13 000~15 000 名幼儿有发育迟缓的问题，尤其是小婴儿看起来都差不多，所以有时候父母根本不会注意他比同年龄的小朋友发育缓慢，及早发现问题可以及早做治疗，所以爸妈们不要忽略了要定期带小朋友去医院做健康检查喔!

一、满周岁前健康检查内容包括什么？

检查内容包括生长发育评估及身体检查，像是身高、体重、头围等，还有卫生教育指导。你可以带宝宝到卫生所或是公立医院，参加集体健康检查，或是到特约的医院，进行个别的健康检查。

1. 出生1个月的健康检查

观察宝宝对环境适应的状况、发育的情况，是宝宝的第1次健康检查。

检查重点：测量身高、体重、胸围、头围等，这些都要填入儿童健康手册的生长曲线图，接着是问诊，喂母乳或是配方乳，包括妈妈的状况都可以包括在问诊的过程中，是否有产后抑郁症等。接着检查宝宝的发育状况、有没有特殊疾病等，触诊检查内脏发育，用听诊器检查是否有心脏杂音等。

2. 出生3~4个月的健康检查

观察颈部是否挺直，并检查股关节情形。

检查重点：支撑颈部的力量是否良好，俯卧时是否可以抬起头，仰卧时拉宝宝的手检查脖子是否跟着往前抬，虽然这个年龄的宝宝大多无法完全抬起来，但可以判断神经发育的情况如何；眼睛对光线反应程度，会不会用眼睛追踪物体，另外检查听觉、神经、肌肉发育的情况等。

3. 6~7个月的健康检查

观察坐立、爬行姿势等身体与心智发育的状况。

检查重点：眼、脑与手功能协调的情况，以玩具试试宝宝是否会去抓，对物品的兴趣也可以测试心智发展的情况。有些妈妈会在意宝宝的体重增加速度比之前慢，其实，只要宝宝精神好，食量没有特别减少，都不用太过担心。

4. 9~10个月的健康检查

观察爬行等运动的发展、心理层面的发展。

检查重点：有的宝宝开始学会爬行，有的甚至会扶着东西站立，运动的发展、反射动作等都是观察重点。另外，宝宝在这个时间开始会认人，可以分辨是否是自己信任的人、情绪的发展、对大人一些动作的反应等。

二、满周岁后健康检查内容包括什么?

1. 1岁6个月的健康检查

检查宝宝步行的状态和语言的发展。

检查重点：看看宝宝是否能了解大人所说的话、可以用手指出认得的东西、会模仿大人的动作等。这时期的宝宝大多可以说出简单的字词，但个人间的发展差异很大，不用过于担心宝宝学说话慢。此阶段的孩子大部分都能一个人走路，手指头也愈来愈灵巧，可以玩积木和画画了。

2. 3岁时的健康检查

观察运动发展和社交能力。

检查重点：这个时期对宝宝来说是发育的关键时期，千万不能偷懒，或忘了带宝宝去检查。运动能力方面的复杂动作能做到什么程度，心智发展的程度，社交能力等，都是这个时期的发展重点。大多数的宝宝都可以使用剪刀、画出圈圈或三角形，也开始找其他同年龄的孩子一起玩耍了。另外，宝宝的乳牙已经完全长齐，不要忘了检查是否有蛀牙，也可顺便问医生如何预防齿列不整的问题。

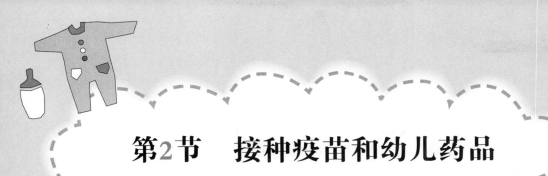

第2节　接种疫苗和幼儿药品

Q&A 接种疫苗可能会引起宝宝过敏吗?

　　人类用人为的疫苗去预防疾病,可能会产生一些副作用。不过大部分的副作用只是注射部位出现轻微的肿胀、发红与硬块,通常过几天就好了,没有什么实际的治疗方法,也不用太过担心。

　　除了注射部位的红肿外,我们在临床上还会看到一些宝宝在注射疫苗后发生发热或是过敏反应,不过通常在让宝宝服用过敏药物之后,就可以得到缓解,妈妈们不用过于担心,记得和医生保持联系和沟通就可以了。

因为现在经济和环境卫生的改善,全面性预防接种的实施更是近年来传染病减少的主要原因。从婴儿期到成人,每个人都要接受多次的预防接种,尤其在婴儿期打预防针的次数更多,成了幼儿保健项目中最重要的部分。

一、宝宝为什么必须接种疫苗？

宝宝出生过了3~6个月之后，从母体中得到的抵抗力（免疫力）会慢慢消失，宝宝必须靠自体产生的免疫力预防疾病入侵。预防接种的原理很简单，是将经过处理的低毒性或无毒性疫苗注射或服食到人体体内，让人体的免疫系统事先针对这些外来的抗原产生抗体，也就是产生抵抗力，将来一旦身体再接触到真的病原体时，就可以很快制造出更多的抗体来对抗病原体的侵入。

二、宝宝该接种哪些疫苗？

疫苗依作用的不同可以分为活性减毒疫苗与不活化疫苗，属于前者的有：卡介苗、口服小儿麻痹疫苗、麻疹腮腺炎德国麻疹混合疫苗、黄热病疫苗等，这些疫苗可同时接种，如不同时接种则最少要间隔4周以上；属于后者的有：白喉百日咳破伤风混合疫苗（一般称为三合一、DPT疫苗）、日本脑炎疫苗、乙型肝炎疫苗、狂犬病疫苗等，这种疫苗除了日本脑炎疫苗与DPT或是乙型肝炎疫苗要间隔4周以外，其他则可同时或间隔任何时间接种。

1. 疫苗的种类和接种时间

（1）日本脑炎。日本脑炎是以蚊子为传染媒介，由病毒所引起，人类、猪、羊、鸡等家畜动物都有可能感染。

日本脑炎通常是在夏天暴发疫情，所以在每年3—5月实施预防接种，第1剂与第2剂之注射间隔约2周，隔年再追加1剂，宝宝最好在满1岁3个月之后，在重点期间内接受注射，才能于流行期产生足够的抵抗力，避免被感染。

（2）小儿麻痹口服疫苗（OPV）。出生后3个月至1岁6个月间的宝宝，最好要接种小儿麻痹疫苗，虽然最近这几年已很少有病例的发生，但是如果婴幼儿未完全接种疫苗，还是有得病的可能的。

目前用来预防小儿麻痹的疫苗有两种，一为口服式的活性减毒疫苗，又称"沙宾疫苗"；另一种是注射式的死病毒疫苗，又称为"沙克疫苗"。这两种疫苗各有其优缺点，应视各国该病症的流行特征、国家经济、居民的教育水平与生活水平以及疫苗接种率的高低而定，选择一种最适合的使用或者两者并用。

台湾目前采用口服式的沙宾疫苗，因为较方便（每剂只需口服2滴即可）、便宜、预防效果良好且持久、可产生肠道免疫力，以及造成集体免疫达到全面接种预防的目的等优点。

小儿麻痹疫苗多半为集体接种，多在春秋两季进行，需接种两次，第1次和第2次要间隔6周以上。

（3）卡介苗（BC）。卡介苗是一种活的减毒性疫苗，用来预防肺结核及结核性脑膜炎的发生，结核病目前并未完全消灭，随时都有被感染的可能，所以出生后不久未受感染的新生儿就要赶快接种。

目前的卡介苗接种政策，为新生儿在出生24小时以后接种1剂，小学一年级时检查学童手上有无接种疤痕，无疤痕者先作结核菌素测试，阴性反应者予以第一次补接种，到了小学六年级的时候再做一次全面普查性的测试，呈现阴性者则再追加1剂。

（4）麻疹疫苗（MV）。目前所采用的麻疹疫苗是活性减毒疫苗，预防效果可达95%以上，婴幼儿注射该疫苗的适当年龄最好是在来自母亲的抗体消失之后，太早注射的话会被母亲的抗体给中和掉，但若是太晚接种，又怕幼儿体内来自母体的抗体早已消失而染上了麻疹。所以建议在宝宝9个月大的时候就可以接种1剂，在接种后的4周之内，不要再接种其他的疫苗。到15个月大时应再接种1剂麻疹、腮腺炎、德国麻疹混合疫苗。

（5）白喉、百日咳、破伤风混合疫苗（DPT）。三合一疫苗是利用破伤风和白喉杆菌所分泌出来的外毒素，经过减毒做成的类毒素，与被杀死的百日咳杆菌混合制成，宝宝必须在1岁之前，以8周的间隔接种3剂，1岁半时再追加1剂，确保宝宝有良好的抵抗力。

（6）麻疹、腮腺炎、德国麻疹混合疫苗（MMR）。此疫苗是利用组织培养制造出来的活性灭毒疫苗，使用皮下注射，对此3种疾病的预防效果高达95%以上，并且可以获得长期的免疫。

（7）乙型肝炎免疫球蛋白（TBG）、乙型肝炎遗传工程疫苗（HBV）。根据统计，妈妈如果是乙型肝炎的病毒携带者，新生儿在生产的过程中，感染到乙型肝炎的概率会大幅提高。所以，如果你是乙型肝炎病毒携带者，请务必让你的宝宝在出生后24小时之内注射1剂免疫球蛋白，以及日后的3剂疫苗，分别于出生后3~5天、满1个月、满6个月时注射。

各类疫苗建议接种时间

接种时间	小儿麻痹口服疫苗	白喉、百日咳、破伤风混合疫苗	麻疹疫苗	日本脑炎疫苗	麻疹、腮腺炎、德国麻疹混合疫苗	德国麻疹疫苗	卡介苗	乙型肝炎免疫球蛋白	乙型肝炎遗传工程疫苗
出生24小时之内							◎	◎	
出生3~5天									◎
出生满1个月									◎
出生满2个月	◎	◎							
出生满4个月	◎	◎							
出生满6个月	◎	◎							◎
出生满9个月			◎						
出生满15个月					◎(隔2周接种2剂)				
出生满18个月	◎	◎							◎
出生满2年3个月				◎					
小学1年级	◎			◎					
小学6年级							◎		
育龄妇女						◎			

2. 接种疫苗的副作用

大部分的副作用只是注射部位出现轻微的肿胀、发红与硬块，通常过几天就好了，没有什么实际的治疗方法，也不用太过担心。

除了注射部位的红肿外，我们在临床上还会看到一些宝宝，在注射疫苗后发热或有过敏反应，像是注射日本脑炎疫苗的宝宝，比较容易引起皮肤出疹的问题，不过通常在让宝宝服用过敏药物之后，就可以得到缓解。

各种疫苗注射后的副作用

副作用		小儿麻痹口服疫苗	白喉、百日咳、破伤风混合疫苗	麻疹疫苗	日本脑炎疫苗	麻疹、腮腺炎、德国麻疹混合疫苗	德国麻疹疫苗	卡介苗	乙型肝炎免疫球蛋白	乙型肝炎遗传工程疫苗
偶有全身性反应	身体不适		◎							
	头痛				▲◎		◎	◎		
	畏寒				▲◎					
	倦怠感		◎		▲◎		◎			
	轻度发热		◎	●◎（持续2~5天）	▲◎	●◎	◎			
咳嗽				●◎		●◎				
局部淋巴腺肿大							◎	◎		
鼻炎				●◎		●◎				
暂时性关节痛						◎	◎	◎		

续表

副作用		小儿麻痹口服疫苗	白喉、百日咳、破伤风混合疫苗	麻疹疫苗	日本脑炎疫苗	麻疹、腮腺炎、德国麻疹混合疫苗	德国麻疹疫苗	卡介苗	乙型肝炎免疫球蛋白	乙型肝炎遗传工程疫苗
发疹				●◎		●◎	◎	◎		
局部反应很少						◎				
注射部位反应	红热		◎	◎	◎		◎			
	硬块		◎				◎	◎		
	疼痛		◎		◎	◎	◎	◎	◎	◎
	肿胀	◎	◎	◎	◎			◎		◎
轻微肠胃症状（呕吐、食欲不振、轻微下痢）		◎	◎（2~3天恢复）							
红斑				◎						
科氏斑点				◎						
备注		接种口服疫苗后300万人中约有1人发生麻痹的机会	偶有高热至40℃以上		发生严重反应的机会约百万分之一，导致死亡约千万分之一			4~6周变成脓包或溃疡，平均两三个月会愈合结痂，可能留下瘢痕	偶尔有荨疹、血管水肿	

●接种2~3天会消失

▲接种5~12天会消失

3. 最佳接种疫苗的时机

如果宝宝发热生病的话，最好要延期，一定要等他康复才可以接种疫苗。不过只是晚一点注射，但如果宝宝之前接种疫苗的时候有严重的过敏症状，或是本来就对鸡蛋过敏的宝宝，接种疫苗之前要记得先和儿科医生商量讨论！

各种疫苗注射的禁忌

疫苗名称	禁　忌
乙型肝炎免疫球蛋白	母亲不是乙型肝炎高传染（e抗原阴性或表面抗原低效价）的新生儿无须注射。有窒息、呼吸困难、心脏机能不全、昏迷或抽搐、发热等严重病情不宜接种
乙型肝炎遗传工程疫苗	1. 出生后观察48小时之后，认为婴儿外表、内脏机能及生活能力不正常 2. 早产儿出生1个月后，或体重超过即可接种 3. 有窒息、呼吸困难、心脏机能不全、严重黄疸、昏迷或抽搐等严重病情 4. 有先天畸形及严重的内脏机能障碍者
卡介苗	1. 高热 2. 患有严重急性症状及免疫不全者 3. 出生时伴有其他严重性先天疾病者 4. 新生儿体重低于2 500克时 5. 可疑的结核病患，勿直接接种卡介苗，应先做结核菌检测 6. 严重湿疹
小儿麻痹口服疫苗	1. 高热 2. 免疫能力受损 3. 正使用肾上腺皮质素或抗癌药物治疗
日本脑炎疫苗	患有比感冒还严重的疾病者（如发热）
白喉、百日咳、破伤风混合疫苗	1. 高热 2. 患有严重疾病者 3. 病后衰弱，有明显的营养不良者 4. 患有严重心脏血管系统、肾脏、肝脏疾病者 5. 患有进行性筋或神经系统可能有问题者，但已不再进行的神经系统疾病如脑性麻痹等则不在此限 6. 对DPT 、DT 或TD 疫苗的接种会有严重反应者，如痉挛 7. 6岁以上的宝宝不能接种

续表

疫苗名称	禁　忌
麻疹疫苗	1. 患有严重疾病 2. 免疫不全者，包括使用肾上腺皮质素或抗癌药物者 3. 孕妇
麻疹、腮腺炎、德国麻疹混合疫苗	1. 患有严重疾病 2. 免疫不全者，包括使用肾上腺皮质素或抗癌药物者 3. 孕妇
德国麻疹疫苗	1. 患有严重疾病 2. 免疫不全者，包括使用肾上腺皮质素或抗癌药物者 3. 孕妇 4. 3个月内准备怀孕的妇女

三、喂宝宝吃药时，要注意什么?

如果带宝宝去看病，在配药时，一定要仔细问清楚药性，对照药单与领取的药，是否名称和剂量都是正确的，要喂多少的量、什么时候喂、有突发状况要如何处理，这些问题一定要事先问好医生或药剂师，才能确保用药安全。

一般来说，通常会给宝宝开立三种形式的处方药，像糖浆、药粉或是栓剂等，每种药剂都有不同的使用方式，在给宝宝使用前，一定要弄清楚怎么使用才是正确的。

1. 糖浆的喂法

（1）用汤匙一点一点地喂：一定要按照医生指示的分量，先倒出来备用，再用小汤匙一点点的舀出来喂宝宝。

（2）用滴管喂：如果宝宝还太小，没有办法用汤匙吃药的话，你可以用滴管吸糖浆喂宝宝，要从嘴角慢慢滴入，不要一下挤出来，这样宝宝可能会呛到。

（3）用奶瓶的奶嘴喂：如果宝宝不爱用汤匙，可以试试用奶瓶上的奶嘴喂，让宝宝先含着奶嘴，再把糖浆倒进去。

2. 药粉的喂法

（1）先用水和匀：取医生指示的用量放进小杯里，用温开水慢慢把药粉和开。然后加入和好的药粉，揉成像膏状一样，轻轻涂在宝宝的嘴里，然后再喂宝宝喝水。

（2）用湿的手指直接沾药喂食：你可以先把指尖弄湿，然后沾上药粉，再涂在宝宝的下颚或两颊内侧，也可以试着让宝宝主动舔你的手指。

如果宝宝很排斥吃药，每次喂都会把药吐出来，或是大哭大闹，建议你可以等一下，等他平静一点时再喂。用他喜欢的方式喂他，或是在药里加一些果酱，或是混在果汁里喂他喝。总之，选一个宝宝觉得最放松的时刻喂药，最好一次就可以喂下足够的量；如果吃的是抗生素一类的药物，一定要吃完一整个疗程。另外，不要把药物放在宝宝可以拿到的地方，以免宝宝把药都一次都吃进肚子里。

3. 栓剂的用法

有些药物会制成栓剂形式，直接插入直肠腔道中，经过黏膜吸收会产生局部或全身作用，例如镇静、退烧药等。保存上要注意栓剂一遇到体温就会溶解，所以没用完的栓剂要放置在冰箱存放。还有，使用栓剂一定要医生指示，因为不同体重的宝宝必须使用不同剂量的栓剂，千万不要自行去药店购买使用。

撕去外包装后，用手指摩擦一下，让药剂表面光滑再使用。使用时要按医生指示用量，提起宝宝的脚，以尖头部分轻慢的送入肛门，等栓剂放入肛门后，用面纸轻轻按住肛门口，需等待15~30分钟，让栓剂溶解。

4. 正确给药的注意事项

带宝宝去医院看病后，拿到药物后要注意下列事项：

（1）确认喂药的时间与剂量：先确认医生给的药物多久要吃1次，饭前或是饭后吃，每次服用的量等，可以先向药剂师确认清楚，以免出错。

（2）用量匙或是量杯量药水：如果宝宝需要食用药水，一般药水上都会附上量杯，如果没有也要去药房购买，千万不要自己用家里的汤匙或是杯子量测，以免喂错剂量。药水使用前也要记得摇匀，以免沉淀在底部。

（3）记得要计时登记：很多妈妈喂药后都会懒得登记下来，可是却往往忘记到底是多久前喂的，建议爸妈们除了使用计时器来定时之外，最好还要确实登记时间。

（4）询问药物不可和哪些食物并用：记得拿药后要询问药剂师，这些药物不可以和哪些食物或是药品合用，以免出现混合降低药效的情况。

贴心小叮咛

药物吃下去30~40分钟后会被肠道吸收，如果宝宝是在这段时间之后吐出来，应该就不需要再补吃，因为大部分的药物应该已经被吸收了，不过如果你喂完药没多久宝宝就吐出来了，就得再喂食一次，如果一直无法防止宝宝吐出，可以向医生请教，找寻另一种方式代替，像是使用栓剂等。

第8章

产后妈妈如何恢复日常生活

照顾宝宝本来就是一件累坏人的事，开心地迎接宝宝的来临。新手爸妈一开始时都是手忙脚乱的，尤其是刚生产完的那段日子，一定要做好调适，接纳宝宝带来的生活改变，欣然地接受宝宝带来的所有挑战。

第1节　新手妈妈要懂得放松

第2节　寻找保姆和托婴中心

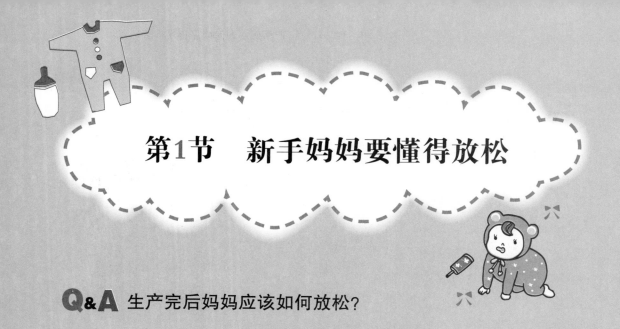

第1节　新手妈妈要懂得放松

Q&A 生产完后妈妈应该如何放松？

很多妈妈生产前一直是个工作狂，或总是一定要把家里弄得一尘不染才肯罢休，那么，在生完宝宝后，你一定要学会放松一点，你可以在宝宝睡着的时候，坐下来把脚抬高，听听音乐、喝点喜欢的饮料，不要急着去做其他的事，放轻松休息一会儿。

另外，产后的你身体还很虚弱，所以饮食一定要均衡，你才会有力气照顾宝宝，也可以做做产后柔软操，对舒解压力很有帮助。

恭喜你，拥有一个可爱的宝宝了，你知道怎么当妈妈吗？母爱是天生的，爱他、照顾他、关心他这些都是毋庸置疑的，但是你是不是一个快乐的新手妈妈呢？幼儿照护、喂奶、换尿布等杂事，很容易让第一次当妈妈的你感到烦躁，不要担心，只要适当的寻求帮助和鼓励，你一定会越来越顺手的。

一、要怎样做个快乐的新手妈妈?

刚生下宝宝的那段时间是最难熬的, 你一定会发现, 你的生活变得完全不一样了, 大部分的时间都被宝宝占去, 不停地喂奶、换尿布、哄着哭个不停的宝宝, 建议你, 为了度过这个累人的阶段, 你可以把生活的优先顺序排出来, 不是每件事都非要自己做不可, 慢慢从一些不太急切的事情去节省时间, 再把剩下来的时间留给自己。

1. 寻求丈夫的支持

家中添了一个新成员对夫妻双方来说, 都需要一些调适, 说起来简单, 做起来却很困难。尤其是丈夫, 因为没有怀胎十月的经验, 所以对宝宝的感情远远不及妈妈, 在宝宝生下来之后, 你一定要把握机会, 鼓励丈夫多去抱抱宝宝, 不要想等到宝宝大一点再让丈夫抱, 这样会错失他们建立良好亲子关系的好时机。

不要只把焦点放在照顾宝宝上, 一味叫丈夫帮忙洗奶瓶、换尿布, 反而会造成丈夫潜意识的反感。如果想请丈夫一同照顾宝宝, 可以用循序渐进的方式, 请丈夫有空的时候多抱抱宝宝, 逗逗他, 或是帮宝宝洗澡, 如果他不会做, 你可以示范给他看或是和他一起做, 千万不要一个劲地批评他做得不好。

2. 寻求其他家人的支持

除了宝宝的爸爸之外, 家里的长辈, 例如祖父母、阿姨、舅舅等, 也占了宝宝的生活中很重要的一部分。在很多家庭里, 宝宝和祖父母相处的时间并不比爸妈少, 他们对于宝宝来说, 都是爱和安全感的重要来源, 所以在照顾小宝宝的过程中, 有了长辈的支持, 会让事情进行得更顺利。

当然, 我们看过许多例子, 为了宝宝的教养问题, 夫妻或是与祖父母间发生了很大的分歧, 这个时候千万不要用争吵来解决问题, 不要忘了宝宝的学习模仿能力是很强的, 你和另一半与长辈的相处模式, 都会在宝宝心里产生重要的影响, 宝宝长大以后, 他也可能会用同样的方式去对待其他人。

二、动不动就哭是产后抑郁症吗？

你不要太过担心情绪问题，刚生完小孩的时候，很多人都会有心情起起伏伏的状况，通常在生完宝宝的第三四天就开始有情绪低落的感觉，可能有时候并没有原因，你也会哭个不停，这是因为刚生完宝宝让你体内的激素改变，所以会觉得心情不好，这就是我们所称的产后抑郁，一般不需过度担心，但如果你的沮丧心情一直没有办法好转，那就要请医生帮忙判定，你是不是得了"产后抑郁症"了。

曾经有个妈妈问，产后抑郁症能不能事先预防？可以肯定地告诉你："不行。"虽然我们知道有些在没有准备的情况下怀了宝宝的母亲，或是一些未婚妈妈，比较容易发生产后抑郁症的情况，但没有人可以确实知道什么原因会导致产后抑郁症，所以想要预防并不容易。

积极的做法是尽量保持身心愉快，相信在你身边有很多人会支持你，医护人员、家人、朋友等都会帮你解决你将会碰到的困难，不要过度忧虑。如果真的发生了产后抑郁的状况，一定要寻求治疗，如果你不治疗的话，抑郁的症状就可能会拖得很长，有些人甚至拖了好几年，但如果好好治疗，几个星期就痊愈的也大有人在。

1. 产后抑郁症的治疗

有些较为理性的妈妈可能只要医护人员的忠告和分析，就可以自己想通了，但有些人可能要靠吃药来缓解，通常医生会开一些抗抑郁的药物，这些药跟镇静剂不同，就算连续服用几个月，也不会有上瘾的问题。

在服药期间，原则上还是可以喂母乳的，但有些抗抑郁的药物可能会进入母乳中，所以请告诉你的医生你正在喂母乳，请医生开适当的抗抑郁药物给你。

2. 产后抑郁的起因

产后抑郁严格算起来不能算是一种疾病，因为就算产后抑郁很严重，也比一般人常说的抑郁症轻微得多；产后抑郁的症状也不至于影响妈妈的日常生活，也不会让她无力照顾新生儿，就算不加以治疗也会自然痊愈。所以一旦出现产后抑郁，就不太需要给予什么特别的治疗，只要给予适当的安慰与支持，患者就可以度过这段心情的低潮期。

但是要特别注意的是，如果患者先前有过精神疾病，例如抑郁症等，产后可能继续恶化成产后抑郁症，甚至引发产后精神病的概率就会上升，这就必须提高警觉了。根据现有的医学研究显示，造成"产后抑郁"可能原因有下列几点：

（1）生产本身带来的巨大压力。因为一个新生命诞生了，从此原有的生活完全改变了，一些过去可以自在做的事情，从今起再也不能做了，像是旅行、聚餐、出游等。一些过去从未想过的事情，如今却得快速学会，妈妈的身份、角色改变了，生活、经济状态也不一样了，还有为了照顾宝宝而睡眠不足、精神和身体过劳等，这些改变在妈妈的生命中都是巨大的转变，尤其对于初产妇而言，这绝对是一个极大的压力源。而这样的压力本身就能够造成疾病，也可能诱发原有的精神疾病，诸如情感性精神病、抑郁症等再次并发。

（2）激素改变导致情绪起伏。妈妈怀孕时体内的内分泌，例如高浓度的黄体素以及动情激素等，都会因为配合怀孕的需要而积极分泌。一旦生产后，内分泌状态就改变了，黄体素、动情激素的浓度都会以接近崩盘似地剧降，甲状腺素、生长激素也会大幅改变。内分泌如此的剧变，可能也是造成产后精神问题的主因之一。

（3）家庭或是家人造成的因素。还有一种可能原因则是来自产妇的家庭因素，毕竟不是每一位产妇都期待着孩子的来临。有些产妇对于婚姻不满意，有些产妇则是感到生活被宝宝拖累了，有些爸爸根本不想帮忙，让产妇身心疲累，甚至有些产妇还会受到公婆对于小孩性别期待落空的压力影响，例如老是生不出儿子等。因此，在生产后各种压力接踵而来之下，自然容易造成产后抑郁现象出现。

（4）产妇本身的家族遗传基因。也有一种可能性则来自产妇本身的遗传史。根据研究报告显示，产后抑郁与产后精神病是具有家族遗传性的，因为基因可能通过一些目前尚未为人所知的方式传递而造成疾病。

3. 产后抑郁的症状、治疗

产后抑郁症通常是悄悄出现的，尤其在生产后的6个月内，当产妇带孩子一段时间后，才会慢慢发生；但也有少数患者会在一生产完就立刻出现产后抑郁症的现象。仔细加以探讨会发现，其实很多患者早在怀孕时就已经有这些抑郁症状，生产后不但没有改善，而且还继续恶化，所以才演变成产后抑郁症。

产后抑郁症明显的症状包括：心情恶劣、暴躁易怒、失眠、持续疲倦等；有些妈妈会失去对生活的兴趣，对各种事情、娱乐都无心参加。有些妈妈则会懒得与别人接触，甚至连说话都提不起劲；有些妈妈则是浑身不对劲，头痛、胸痛、腹痛、腰酸背痛，甚至恶心反胃等。

抑郁症状发作时，患者会出现缺乏自信的现象，对于自己照顾小孩的能力大感怀疑，甚至对于自己与小孩都会有负面的看法，例如"我是不是没有办法把宝宝抚养长大？"或是"宝宝的身体好像很不好……"等；甚至当病情变得严重时，妈妈们还会觉得自己的小孩已经养不活了，或者责怪自己不该生下宝宝；也曾出现过妈妈因此自杀或杀死婴儿的案例，造成了无法挽回的悲剧。

所以提醒所有家中有产妇的家人，一旦出现产妇出现抑郁症的症状时，为了母亲与小孩的安全，我们建议尽快让患者接受治疗；治疗方式包括：药物治疗与心理治疗两方面。

（1）**心理治疗。家人及好友的支持最重要**。怀孕与生产对女性朋友来说，真的是人生当中的一个大转折；一个新生命的到来，更是可能彻底改变她原有的生活形态。尤其是一些新手妈妈因为缺乏养育的经验，或者还不想这么早当妈妈的，甚至因为觉得婚姻不幸福、却被小孩给绑住，都很有可能因此心情变得抑郁，感到相当难以释怀。

通过适当的心理治疗的确可以改变困境。一般说来，多半会通过"人际关系"来做治疗，借以让患者学习怎么当一个"好妈妈"的角色；像是引导产妇如何面对周围环境的改变、面对别人的眼光，怎么与小孩相处等皆是。

同时可以针对患者不合理的悲观信念，例如：自己是个一无是处的母亲，自己一定养不活小孩等负面想法，都加以排解及引导她正确面对。

当然，最重要的莫过于亲朋好友们给予心理上的支持及安慰，让妈妈们知道自己不是孤独的，知道自己还是最重要的，大家都会站在她身边，消除她心中的焦虑。

（2）**药物治疗。抗焦虑剂是常见药物**。如果症状太严重，无法接受心灵治疗或是根本看不到成效，就可以适当的用药物来治疗。主要是以抗抑郁剂，如有名的百忧解(prozac)等来治疗。其实抗抑郁药物的安全性很高，患者服药后不会一直昏昏欲睡，也不太会有肝脏、肾脏的毒性残留疑虑；只是有些妈妈吃了这些药物，会出现恶心、想吐、口干舌燥、便秘、排尿困难等副作用，如果服用过量还会有心律不齐、意识混乱的毒性反应。而且因为患者往往还会有焦虑的现象，因此并用抗焦虑剂也是可行的；再加上睡眠辅助剂可以让妈妈们安心入眠。

不过这类药物通常都会从乳汁中分泌出来，所以如果妈妈们喂哺母乳，宝宝也可能会喝到分泌至乳汁的药物，所以一旦患者接受治疗，最好就不要再哺乳了。

 贴心小叮咛

药物与沟通可以双管齐下

想要治疗及预防产后抑郁症，建议大家可以依照医生指示先服用一段时间的抗抑郁、抗焦虑药物；再同时接受心理治疗，就可以达到一定的治疗效果！

不过要特别注意产后抑郁症有50％复发率，如果有复发现象要提早给药，或是谨慎评估产妇发病的迹象而尽早就医。

可以让产妇正确地了解产后抑郁症的相关知识，帮助产妇及早发现、及早治疗！必要时可以提供一些相关书籍给产妇及家属阅读，正确面对产后抑郁的状况，自然就能确保每一个新手妈妈都是快乐而健康的！

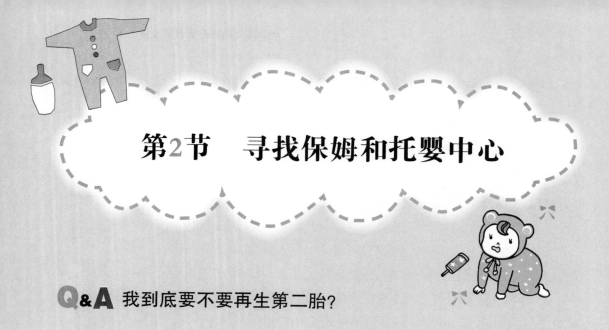

第2节　寻找保姆和托婴中心

Q&A 我到底要不要再生第二胎?

很多妈妈对这个问题都很犹豫，其实要不要生第二胎，这个问题见仁见智，在政策许可的前提下，如果经济状况许可，又能给宝宝添个伴，再生一胎当然很好啊！

宝宝从小有机会和年龄相近的孩子共处，学习分享和互相陪伴，那是一件相当美好的事，生了第二胎以后，可以带着小哥哥或小姊姊一起学习照顾弟弟妹妹，更能拉近你们之间的亲子关系，何乐而不为呢？

照顾孩子辛不辛苦呢？客观地说，不论你有没有小孩，都会知道这过程是相当艰辛的吧！孩子一生下来，从他的身体健康、心理状况到智能发育、读书工作等，这许多的事都足以让妈妈们天天操心，产后抑郁症也就纷纷出笼了，但是，为人母的那种成就和满足感，相信也是身在其中的你才能深深体会的吧！

一、应该什么时候生第二胎？

很多来就诊的妈妈会问，她想要给宝宝添个小弟弟或小妹妹，但是宝宝才一岁半，是要等宝宝大一点的时候再怀孕，这样才不用同时照顾两个宝宝？还是赶快再怀一个，毕其功于一役，一次累完就算了？

1. 到底什么时间才适合生第二胎？

就医学上的观点，建议你最好生完第一胎后，隔3年再生第二胎，这样你的身体才能得到充分的休养，孕育宝宝的环境才能重整到最佳状态。不过，由于现代人的生育年龄普遍延后，有些人在30岁，甚至35岁才生第一胎，如果第二胎时间要再间隔三年，一定就会面临高龄生产的问题，所以，以现在的标准来看，在两胎之间，最少要间隔一年以上是最好的。

2. 产后3周就要开始避孕

很多人会以为，生产完后月经还没有来之前，即使不避孕也不会怀孕，事实上这是错误的观念，生产完如果没有喂母乳，月经大概6~8周才会来，有喂母乳的话，月经来的时间会更延后，甚至有看过有一些妇女，生完宝宝3~4个月都没来，这些都属于正常的情况。

在月经还没来时，子宫就已经开始排卵了，随时都有受孕的可能，所以如果不想这么快再怀孕，就一定要做好避孕的工作。除了使用保险套之外，生产后3个星期，就可以开始吃口服避孕药了，不过要特别注意，目前市面上的避孕药，一种是雌激素，另一种是黄体素，如果你正在喂母乳，选择的避孕药必须不含雌激素，因为雌激素会抑制乳汁分泌，可能会影响你的哺喂宝宝。

二、该回去上班了，宝宝该交给谁照顾？

如果家中没有长辈可以帮忙照顾，托婴是你必然的选择，然而，到底要把宝宝交给托婴中心还是找个保姆帮忙，这就要看你的需求和能力来决定。一般来说，如果经济能力许可，最好可以请专业的保姆到家里帮忙带宝宝，这样不但可以省去你接送宝宝的时间，也可以让宝宝一直在熟悉的环境下成长。

0~3岁是很重要的成长阶段，选择一个固定照顾宝宝的人更是重要，很多妈妈甚至在怀孕时就开始找保姆，提早半年做好准备，所以，一开始就要找对保姆或托育机构，同时，你千万不要怕麻烦，当已有的人选都不合适时，就要

再请中介机构提供新的人选，只要设订目标，加上耐心，多跑几趟，一定可以找到专业、爱心和耐心兼具的好人选。

1. 要从哪里取得保姆信息

通过朋友介绍是不错的渠道，你也可以利用网络在搜寻引擎上输入"保姆"二字，就会搜到许多相关的中介机构，如保姆协会、各县市家政中心，以及由几个保姆共同建立的联合网站等。

面对这么多不同的机构，建议你可以选择与自己住家或上班地点较近的地方，不要怕麻烦，最好每个地点都分别进行了解。

当你选定了中介机构之后，先打通电话进去，这些机构会向你提供几个保姆的电话，然后你就可以跟保姆联络了。

2. 先确认保姆本身的条件

要确认保姆是不是一个喜欢孩子的人，因为原本就喜欢孩子的人不但对孩子比较有耐心，也会比较常拥抱孩子，和孩子说话，她的态度是不是和蔼、亲切，是否了解不同年龄阶段孩子的需要与行为发展。

要小心挑选一个身心健康而且生活规律、无不良嗜好的保姆，还有他和家人的关系好不好，一次带几个孩子，有没有兼职等，最好还要问一下他是否每年定期健康检查，这些都是挑选保姆时要注意到的条件。

3. 良好的托婴环境

到了保姆家或是育婴中心之前，要先注意居家周围的治安、环境整洁等是不是良好，进入居家之后，要注意下列几点：

（1）室内环境：是不是干净、整齐，有没有良好的通风、采光及空气流通良好。

（2）活动空间：宝宝是不是有足够的活动空间；如果居家附近有安全的公园、学校，对宝宝来说更棒。

（3）居家安全：像是家具尖锐的角有没有包覆，药品有没有收好等。

（4）幼儿游戏：有没有玩具和故事书可以给宝宝玩游戏，或是保姆都和宝宝从事哪类的互动游玩等，这些小细节都必须注意。

合格保姆评鉴表

检查项目	审查细节
家庭成员	保姆家中12岁以下人数若超过4人（含保姆自身子女及托育幼儿），则较不理想。
家人相处情形	1. 保姆的家人相处状况是否和谐？ 2. 保姆家人对其从事托育工作是否支持，并给予必要的协调及配合？
托婴环境	1. 托育的环境是否清洁？ 2. 通风状况是否良好，光线是否充足以及附近有无噪声？若保姆有严重的洁癖，亦需仔细考虑。
居家空间	1. 活动的空间有无尖锐的家具及危险机械？ 2. 有无设置安全插座，墙壁或梁柱角以柔软之物品包裹？ 3. 宝宝活动空间是否宽敞，能提供孩子活动、学习爬行及行走？
户外环境	1. 有无社区公园或学校？ 2. 能提供孩子更恰当的活动环境？
交通	1. 保姆家是否方便父母接送孩童？ 2. 附近交通会不会混乱而危险？

4. 记得签订保障合约

很多人在找到保姆时，都很开心自己找到了一个很不错的保姆，但是真正再和保姆相处之后才发现不如预期！为何会如此呢？很多纠纷的发生，都是因为没有白纸黑字地写清楚，有时因为双方觉得不好意思开口，而衍生出一些认知上的差异。为了避免日后有纠纷产生，所以建议要与保姆签订合约。而以下所提的内容，可以作为签订合约的参考。

（1）签约双方的姓名、地址、电话、身份证号。双方均需签名、盖章、手印、明订合约起讫日期。

（2）托育儿姓名、性别、生日、身份证号。

（3）确定托育内容，例如类别、休假日、接送时间和方法等。

（4）确定保姆目前收托的人数和年龄。

（5）医疗问题与紧急事件的处理方式，如打预防针、生病、紧急联络人、家庭医生、是否有先天性疾病等。

（6）辅食及日用品添购问题。

（7）托育的费用和付款方式，如奖金、加班、临托费、副食处理费等。

（8）双方配合事项，如孩子的特点、饮食、生活习惯、注意事项、特别约定等。

（9）终止托育时的约定，需写明要提前通知和提前通知的时间。

（10）增加的条款内容。

5. 电话礼貌是筛选的基本标准

由于孩子长时间与保姆相处，对于保姆本身，甚至是保姆家人的言行举止必然会耳濡目染，所以，如果保姆或其家人接听电话连基本的礼仪也没有，或是保姆讲电话中对其身边的孩子叫骂，或是口气冷淡、没有热诚，那么就绝对不要考虑这位保姆。

6. 白天临时前往拜访

如果已经通过电话这关考验，再谨慎一点的爸妈，建议可以进行亲自拜访。可以前1天在电话中与保姆约第2天前往拜访，但实际的时间，在当天出发前1小时才和保姆确定，这样就有机会看到保姆如何带其他宝宝的真实面貌。另外，还有一点相当重要，在选定保姆之后，一定要把"钱事"谈清楚，以免日后发生纠纷。

还有，不要怕麻烦，找到好保姆对宝宝和你来说，可都是最重要的喔。多前往几家托婴中心比较，可以的话询问一下其他家长的意见，良好的环境可是宝宝最基本的要求！

7. 帮佣要细挑选、勤训练

有个朋友一次产下龙凤胎宝宝，可是她自己本身有一个高薪职位，自然不愿意舍弃高薪在家带孩子，新时代的母亲都会希望保住自己的工作，所以帮佣也渐渐普及了。

要聘请帮佣一定要挑选合格的中介公司，不要找来历不明的外佣，通过朋友介绍的更好，孩子和外佣在一起的时间或许比和你在一起的时间更长，对于语言、文化和亲情培养上，你都要花加倍的心思喔！以免孩子日后学习到不好的发音或是生活习惯。

宝宝的托育方式优缺点比较

托育类型	优　点	缺　点
托儿所 （托婴中心）	·工作人员的训练严谨 ·宝宝有机会与其他孩子接触	·不是一对一的照顾方式 ·收托宝宝的时间固定，如果你临时有事，没办法配合 ·宝宝受到感染的风险较高 ·费用不低
保姆	·可以找住在附近的保姆，比较方便 ·大多有丰富的经验 ·只要是受过专业训练的保姆，都有上过急救或儿童游戏的相关课程	·感染机会较高 ·保姆资格认定较无保障
家庭帮手	·在你的家里照顾宝宝 ·可以帮忙做其他的家事	·素质、经验、训练参差不齐 ·费用比保姆高。